广东精选

老火汤300例

黄远燕◎主编

吉林出版集团 吉林科学技术出版社

前言
Foreword

汤膳在我国拥有悠久的历史。古人云："宁可食无肉，不可居无竹。宁可食无馔，不可饭无汤。"此语正道出了广东人对煲汤文化的执着追求及其"以食养生"的态度。

说到汤，走遍全国，各地在选材、煲制功夫上各有千秋，但是中国最正宗的汤品文化还是广东地区的老火汤。广东人所谓的老火汤，特指熬制时间长、火候足，既取药补之效，又取入口之甘甜味的鲜美汤水。传统上是用瓦煲来煲，水开后放进汤料，煮沸，将火调小，慢慢熬制而成。另外，他们对炊具的使用也非常讲究，多采用陶煲、砂锅、瓦锅为煲煮容器，延用着传统的独特烹调方法，既保留了食材的原始真味，汤汁也较为浓郁鲜香，滋补身体的同时，又有助于消化吸收。

老火汤的汤料品种繁多，可以是肉、蛋、海鲜、蔬菜、干果、粮食、药材等，不同的材料会有咸、甜、酸、辣等不同的味道。广东的老火汤种类繁多，有滚汤、煲汤、炖汤、煨汤、清汤等，可以熬、滚、煲、烩、炖。所谓的"三煲四炖"，就是煲汤需要3小时，炖汤需要4～6小时，这样才能原汁原味。广东老火汤用料得当、火候拿捏得非常精确，集药补和食补于一身，不仅是调节人体阴阳平衡的养生汤，更是辅助治疗恢复身体健康的药膳汤。

到过广东的人都知道，先上汤后上菜，几乎成为广东宴席的既定格局，也是

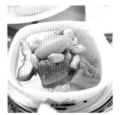

广东人生活中最普遍的饮食文化。广东人吃饭时汤是必不可少的，而越是在土生土长的广东人家，越能喝到地道的汤。走进本地人家，你会体味到这里家家户户都不可缺少的浓香醇厚的滋味；品尝到那种从自然的食材、药材当中获取营养精华的特色靓汤；你还会发现这里的女子个个都能拿出煲汤绝活，她们会根据季节的变化、家庭成员的年龄、体质等，放入不同的食材及药材，烹制出各种不同口味、不同功效的老火汤，来对家庭成员进行保健、养身和调理。

本书中精选了三百余道广东老火汤，详细介绍了这些老火汤的选材、制作方法和诀窍，并根据食材不同的食疗作用，分成了滋补养生老火汤、四季健康老火汤、强身润脏老火汤、美容养颜老火汤四大部分。您可以根据个人口味与身体所需，按不同的功效选择合适的汤品，依法炮制，煲出一煲鲜香四溢、疗效显著的正宗老火靓汤。

煲汤常识 ………… 9

煲汤诀窍 ………… 9
常用汤料介绍 ……… 12

Part 1 滋补养生老火汤

人参鹌鹑汤 ………… 22
黑豆红枣排骨汤 ……… 23
淮山杞子乌鸡汤 ……… 24
双菇脊骨汤 ………… 25
海参里脊肉汤 ……… 25
虫草花煲鸡汤 ……… 26
北芪泥鳅汤 ………… 26
参芪生鱼汤 ………… 27
杜仲煲脊骨汤 ……… 28
北芪鲫鱼汤 ………… 29
田七海参瘦肉汤 ……… 29
川芎天麻鲤鱼汤 ……… 30
淮枸沙虫瘦肉汤 ……… 30
淮山麦芽鸡肫汤 ……… 31
北芪蜜枣生鱼汤 ……… 32
灵芝煲老鸭汤 ……… 33
节瓜芡实鹌鹑汤 ……… 34
淮枸煲乳鸽汤 ……… 35
阿胶鸡丝汤 ………… 35
柏子仁瘦肉汤 ……… 36
黑豆塘虱鱼汤 ……… 36
淮山芡实老鸽汤 ……… 37

莲藕赤小豆猪踭汤 …… 38
红枣瘦肉生鱼汤 ……… 39
核桃芝麻乳鸽汤 ……… 39
花胶炖老鸭汤 ……… 40
花生腐竹鱼头汤 ……… 40
红枣鸡蛋汤 ………… 41
木瓜花生排骨汤 ……… 42
桑寄生黑米鸡蛋汤 …… 43
黑米红枣鸡蛋汤 ……… 44
阿胶鸡蛋汤 ………… 45
桑葚黑米鸡蛋汤 ……… 45
核桃肉乌鸡汤 ……… 46
双豆芝麻泥鳅汤 ……… 46
桑寄生首乌鸡蛋汤 …… 47
田七木耳乌鸡汤 ……… 48
响螺淮杞鸡汤 ……… 49
牛膝鸡脚汤 ………… 49
豨莶草脊骨汤 ……… 50
核桃杜仲猪腰汤 ……… 50
淮杞红枣猪蹄汤 ……… 51
牛大力脊骨汤 ……… 52
熟地首乌猪蹄汤 ……… 53
白背叶根猪骨汤 ……… 54
肉苁蓉红枣乳鸽汤 …… 55
蛤蚧瘦肉汤 ………… 55
虫草花鹌鹑汤 ……… 56
桂圆当归猪腰汤 ……… 56
黄豆排骨汤 ………… 57

花生鸡脚猪蹄汤 ……… 58
节瓜花生猪腱汤 ……… 59
海参炖瘦肉 ………… 59
蛤蚧鹌鹑汤 ………… 60
核桃淮山瘦肉汤 ……… 60
花生眉豆鸡脚汤 ……… 61
巴戟天杜仲猪蹄汤 …… 62
马蹄冬菇鸡脚汤 ……… 63
丹田清鸡汤 ………… 64
冬瓜薏米猪腰汤 ……… 65
桑寄生瘦肉汤 ……… 65
黑豆红枣鲤鱼汤 ……… 66
杜仲猪腰汤 ………… 66
宽筋藤猪尾汤 ……… 67
莲藕红枣猪蹄汤 ……… 68
薏米香附子脊骨汤 …… 69
栗子百合生鱼汤 ……… 69
干贝瘦肉汤 ………… 70
韭菜虾仁汤 ………… 70
花胶冬菇鸡脚汤 ……… 71
黄豆排骨鸡脚汤 ……… 72
鸡血藤猪蹄汤 ……… 73
杜仲巴戟猪尾汤 ……… 74
桑葚猪腰汤 ………… 75
莲子淮山老鸽汤 ……… 75
莲子芡实瘦肉汤 ……… 76
双参蜜枣瘦肉汤 ……… 76

Part ❷
四季健康老火汤

春

太子参淮山鲈鱼汤…… 78
五指毛桃猪骨汤……… 79
粉葛赤小豆鲮鱼汤…… 80
木瓜瘦肉汤…………… 81
白菜瘦肉汤…………… 81
冬瓜草鱼汤…………… 82
丝瓜鱼头汤…………… 82
粉葛排骨鲫鱼汤……… 83
腐竹白果猪肚汤……… 84
凉瓜排骨汤…………… 85
胡萝卜生鱼汤………… 85
胡萝卜鲫鱼汤………… 86
土茯苓煲鸭汤………… 86
眉豆花生猪尾汤……… 87
苹果百合瘦肉汤……… 88
土茯苓煲脊骨汤……… 89
胡萝卜腐竹鲫鱼汤…… 90
豆腐鱼头汤…………… 91
粉葛墨鱼脊骨汤……… 91

夏

冬瓜乌鸡汤…………… 92
咸蛋瘦肉汤…………… 92
冬瓜薏米老鸭汤……… 93
冬瓜排骨汤…………… 94
北芪茯苓瘦肉汤……… 95
粉葛煲鲫鱼汤………… 95
玄参麦冬瘦肉汤……… 96
鸡骨草瘦肉汤………… 96
粉葛绿豆脊骨汤……… 97
竹蔗茅根瘦肉汤……… 98
冬瓜苦瓜脊骨汤……… 99
茅根生地薏米老鸭汤 100
合掌瓜排骨汤………… 101
狗肝菜瘦肉汤………… 101
粉葛墨鱼猪踭汤……… 102
莲蓬荷叶煲鸡汤……… 102
节瓜排骨汤…………… 103
田寸草薏米猪肚汤…… 104
冬瓜绿豆鹌鹑汤……… 105
绿豆荷叶田鸡汤……… 105
无花果瘦肉汤………… 106
太子参瘦肉汤………… 106

秋

罗汉果瘦肉汤………… 107
赤小豆苦瓜排骨汤…… 108
西洋参双雪瘦肉汤…… 109

马蹄海蜇肉排汤…… 110
菜干蜜枣猪踭汤…… 111
杏仁桂圆乳鸽汤…… 111
桑杏猪肺汤………… 112
双雪木瓜猪肺汤…… 112
苦瓜蚝豉瘦肉汤…… 113
粉葛猪踭肉汤……… 114
桑叶伏苓脊骨汤…… 115
核桃花生鸡脚汤…… 115
霸王花猪踭汤……… 116
沙参瘦肉汤………… 116
参竹鱼尾汤………… 117
胡萝卜冬菇排骨汤… 118
川贝瘦肉鹌鹑汤…… 119

冬

淮山排骨汤………… 120
银耳煲鸡汤………… 121
墨鱼猪肚汤………… 121
陈皮蜜枣乳鸽汤…… 122
参果瘦肉汤………… 122
胡萝卜鹌鹑汤……… 123
莲子芡实腱肉汤…… 124
花生赤小豆乳鸽汤… 125
北芪桂圆童鸡汤…… 125
归黄茯苓乌鸡汤…… 126
菜干生鱼汤………… 126
淮山枸杞煲鸭汤…… 127
猴头菇老鸡汤……… 128
猪肚煲老鸡汤……… 129
栗子猪腱汤………… 130
海底椰瘦肉汤……… 131

淮山田鸡汤…………… 131

生姜鸡汤………… 132

胡椒姜蛋汤…………… 132

Part 3
强身润脏老火汤

莲子芡实鹌鹑汤…… 134

砂仁猪肚暖胃汤…… 135

扁豆山楂肾肉汤…… 136

砂仁瘦肉汤…………… 137

冬瓜瘦肉汤…………… 137

柿蒂瘦肉汤…………… 138

芥菜瘦肉汤…………… 138

红枣芪淮鲈鱼汤…… 139

栗子煲鸡汤………… 140

海带猪蹄汤………… 141

金银菜猪肺汤……… 141

苹果杏仁生鱼汤…… 142

霸王花蜜枣猪肺汤… 142

白术茯苓猪肚汤…… 143

麦芽鲜鸡肾汤……… 144

莲子淮山鹌鹑汤…… 145

莲子百合芡实排骨汤 146

百合鸡蛋汤………… 147

萝卜杏仁猪肺汤…… 147

海底椰贝杏鹌鹑汤… 148

罗汉果猪肺汤……… 148

花生煲猪肚汤……… 149

党参淮山猪肚汤…… 150

鸡骨草猪横脷汤…… 151

夏枯草脊骨汤……… 151

鸡骨草田螺瘦肉汤… 152

枸杞鸡蛋汤………… 152

节瓜咸蛋瘦肉汤…… 153

胡萝卜猪腱汤……… 154

酸菜腐竹猪肚汤…… 155

胡萝卜玉米瘦肉汤… 156

苦瓜黄豆田鸡汤…… 157

苦瓜瘦肉汤………… 157

金银花瘦肉汤……… 158

赤小豆杞子泥鳅汤… 158

番茄鹌鹑蛋汤……… 159

老黄瓜煲老鸭汤…… 160

苦瓜猪骨生鱼汤…… 161

石斛杞子瘦肉汤…… 161

芹菜苦瓜瘦肉汤…… 162

夜明砂鸡肝汤……… 162

冬瓜冲瓜瘦肉汤…… 163

芡实煲猪肚汤……… 164

干贝冬瓜煲鸭汤…… 165

党参麦冬瘦肉汤…… 166

淮山圆肉生鱼汤…… 167

枸杞猪心汤………… 167

灵芝瘦肉汤………… 168

参麦黑枣乌鸡汤…… 168

霸王花猪骨汤……… 169

菜干鸭肾瘦肉汤…… 170

莲子芡实猪心汤…… 171

百合红枣鹌鹑汤…… 171

太子参麦冬猪心汤… 172

荔枝桂圆鸡心汤…… 172

百合杏仁猪肺汤…… 173

冬瓜鲜鸡汤………… 174

白果猪肺汤………… 175

木瓜鲈鱼汤………… 176

当归酸枣仁猪心汤… 177

桂圆杞子瘦肉汤…… 177

草菇大鱼头汤……… 178

黑枣鸡蛋汤………… 178

雪梨猪肺汤………… 179

腐竹菜干瘦肉汤…… 180

酸枣仁老鸡汤……… 181

柏子仁猪心汤……… 181

川芎白芷鱼头汤…… 182

淮杞玉竹泥鳅汤…… 182

核桃灵芝猪肺汤…… 183

马蹄百合生鱼汤…… 184

霸王花陈皮猪肺汤… 185
鱼腥草脊骨汤…… 186
淮杞党参鱼头汤…… 187
鲜百合鸡心汤…… 187
天麻鱼头汤…… 188
莲子百合煲老鸭汤… 188

Part ❹
美容养颜老火汤

黑枣鹌鹑蛋汤…… 190
丝瓜银芽田鸡汤…… 191
木瓜生鱼汤…… 192
雪梨瘦肉汤…… 193
椰子田鸡汤…… 193
苹果瘦肉汤…… 194
银耳炖乳鸽…… 194
银耳鹌鹑蛋汤…… 195
莲子百合瘦肉汤…… 196
燕窝鸡丝汤…… 197
蚝豉猪腱汤…… 197
银耳蜜枣乳鸽汤…… 198
香菇排骨汤…… 198
粉葛红枣猪骨汤…… 199
苹果雪梨瘦肉汤…… 200

雪梨鹌鹑汤…… 201
虫草花雪蛤瘦肉汤… 202
淡菜瘦肉汤…… 203
莲藕猪脾汤…… 203
赤小豆花生鹌鹑汤… 204
胡萝卜花胶猪腱汤… 204
虫草花玉竹生鱼汤… 205
红绿豆花生猪手汤… 206
何首乌煲鸡汤…… 207
雪蛤乌鸡汤…… 207
马齿苋瘦肉汤…… 208
生地槐花脊骨汤…… 208
红枣银耳鹌鹑汤…… 209
黄豆猪手汤…… 210
椰子鹌鹑汤…… 211
黑木耳猪蹄汤…… 212
丝瓜排骨汤…… 213
木瓜花生鱼尾汤…… 213
番薯叶山斑鱼汤…… 214
萝卜干猪蹄汤…… 214
木瓜猪手汤…… 215
苹果雪梨生鱼汤…… 216
银芽排骨汤…… 217
芦荟猪蹄汤…… 217

老黄瓜排骨汤……… 218
胡萝卜猪骨汤……… 218
苹果排骨汤……… 219
苹果核桃鲫鱼汤…… 220
雪蛤莲子红枣鸡汤… 221
玉竹红枣煲鸡汤…… 222
霸王花烧鸭头汤…… 223
木瓜鲫鱼汤……… 223
冬瓜生鱼汤……… 224
芡实煲鸽汤……… 224
芝麻赤小豆鹌鹑汤… 225
鲜百合田鸡汤……… 226
海带海藻瘦肉汤…… 227
干贝腱肉汤……… 227
韭菜猪红汤……… 228
蚝豉瘦肉汤……… 228
首乌黑米鸡蛋汤…… 229
参须雪梨乌鸡汤…… 230
野葛菜生鱼汤……… 231
藕节排骨汤……… 232
椰子煲鸡汤……… 233
玉米须瘦肉汤……… 233
鲜车前草猪肚汤…… 234
玉米胡萝卜脊骨汤… 234
沙参玉竹鲫鱼汤…… 235
冬瓜薏米瘦肉汤…… 236
南瓜猪腱肉汤……… 237
生地海蜇瘦肉汤…… 237
老黄瓜煲猪骨汤…… 238
绿豆海带排骨汤…… 238
清补凉乳鸽汤……… 239

煲汤常识

Baotang changshi

煲汤诀窍

煲汤的基本操作程序

原料预处理

部分煲汤原料须进行如飞水、爆炒、滚和煎等处理。

投料

在煲内加入适量清水，加入主料和配料，加盖点火。

煲制

先用猛火加热至汤沸，再改用慢火长时间加热至原料软烂滑口。

调味

在汤马上要煲好熄火之前，加入调料调味，熄火上席。

原料的加工处理方法

宰杀

家禽、水产等煲汤原料在使用之前都需要宰杀。家禽类原料需去除毛、内脏、淋巴、脂肪等；水产类原料需刮鳞、去鳃、取出内脏等。

煎

水产类原料在煲汤前一般都需经过煎的程序，即烧锅下油，将原料两面煎至金黄色的过程。其主要目的是去除水产类汤料的腥味，使煲出来的汤清香奶白。

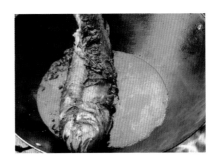

清 洗

煲汤用的所有原材料在投入煲内之前均需清洗干净。蔬果类原材料的清洗方法较为简单，只要去蒂、皮、瓤和杂质，清洗干净即可；有些煲汤原料的清洗过程比较复杂，如猪肺，要经过反复多次的注水、挤压，洗至血水消失，猪肺变白为宜；又如猪肚、猪肠及猪小肚等，因其带有黏液和较重的异味，清洗的时候一定要下足工夫，可用花生油或食盐加少量淀粉擦洗，反复几次后用清水清洗，以去除黏液和异味；干货类材料，一般需要浸泡一定时间后再清洗。

浸 泡

煲汤所用的原料很大一部分是干货，如菜干、冬菇、黄豆、黑豆、银耳、莲子、芡实、薏米、桂圆肉等，要使这些干货的有效成分易于析出，煲汤前必须进行浸泡。浸泡时间的长短，需根据不同原料而定。豆类、坚果及根茎类中药材等原料需要浸泡较长时间，一般在1小时以上，如黄豆、黑豆、绿豆、冬菇、莲子、芡实、淮山等；干菜类或花草类中药材等原料的浸泡时间一般在1小时以内即可，如白菜干、银耳、海带、夏枯草、菊花等。如想缩短原料的浸发时间，可根据原料的不同，使用温水或开水浸泡。

飞 水

肉类原料在煲汤前一般都需经过飞水的程序。那么，什么是"飞水"，又为什么要飞水呢？飞水，即将原料放入沸水中，煮沸后即捞起，用冷水洗净的过程，其主要作用是去除原料的异味及血水，使煲出来的汤更加清甜味香。

煲汤器具的选择与使用技巧

煲汤以选择质地细腻的瓦煲作加热器具为佳，这样煲出来的汤会比其他器皿煲出来的汤味道好。煲制时应加上盖，这一方面是减少水分的蒸发；另一方面是陶器的传热性能较差，在加盖慢火加热的情况下，煲内热量不容易散失，有利于鲜美汤水的形成。

把握煲汤用水量的技巧

煲法烹制成汤是以汤为主、汤料为辅的菜肴。煲汤时由于水分蒸发较多，因而煲汤的用水量可多些。一般来说，下料时固体原料与开水的比例以1：2至2：5较为适宜。也可以按照要得到1碗汤，就要放2碗水去煲的方法来把握煲汤的用水量。

掌握煲汤火候的技巧

煲汤是一种较长时间加热的烹调方法，火候与时间的掌握对煲出来汤水的质量有较大的影响。一般先用猛火（武火）加热至汤滚沸，然后改用慢火（文火），以较长时间加热至原料软烂，一般需要2～3小时。在加热的过程中，原料中的部分成分溶解、分解或分散于汤中，从而形成鲜浓的靓汤。

选择煲汤材料的技巧

煲汤使用的原料不同，煲成汤水的质量与作用也不同。要根据不同的季节和气候条件或个人喜好，选择合适的原料煲汤。在夏秋两季，天气炎热，以鲜味和清润的汤水，比较适合人们的胃口，所以适宜选择不肥不腻的肉料和清热祛湿的干果、瓜菜为原料；而在春冬两季，正是人体进补调养的好时节，一般要煲些具有滋补作用且滋味浓郁的汤水，故可多选具有滋补作用、香味较浓郁的原料，如鸡肉、羊肉、桂圆、红枣等。

煲汤五忌

忌中途添加冷水

在煲汤的过程中，切忌开盖添加冷水。这是因为正在加热的肉类遇到冷水后收缩，蛋白质不易溶出，汤便失去了原有的鲜香味，影响汤的口感。

忌早放盐

一般在汤煲好的5分钟前下盐较为合适，因为过早放盐会使肉中的蛋白质凝固，不易溶解，从而使汤色发暗、浓度不够、外观不美、口感不佳。

忌用猛火煲汤

煲制广东老火汤，不可一直用猛火烹制，让汤汁大滚大沸，以免影响汤料营养成分的充分分解和分散，这样也会使肉中的蛋白质分子运动激烈，使汤浑浊，影响口感。

忌过早过多地加入酱油

在汤快煲好的时候，为了提鲜，可以加入一点酱油，但是切忌过早过多，以免汤味变酸，颜色变暗发黑。

忌过多地放入葱、姜、料酒等调料

煲汤时，忌过多地放入葱、姜、料酒等调料，以免影响汤汁本身的原汁原味。大多数北方人煲汤认为要加香料，诸如葱、姜、花椒、大料、味精、料酒之类。事实上，从广东人煲汤的经验来看，喝汤讲究原汁原味，这些香料大可不必。如果需要，一片姜足矣。

常用汤料介绍

莲子

莲子又称莲宝、莲米、藕实，味甘涩，性平，入心、脾、肾经；具有补脾止泻、益肾涩精、养心安神等功效；用于脾虚久泻、遗精带下、心悸失眠。莲子心味道极苦，却有显著的强心作用，能扩张外周血管，降低血压；莲心还有很好的祛心火的功效，可以治疗口舌生疮，并有助于睡眠。

芡实

芡实又称芡实米、鸡头米，味甘涩，性平，无毒，入脾、肾经；具有固肾涩精、补脾止泄、利湿健中之功效；主治腰膝痹痛、遗精、淋浊、带下、小便不禁、大便泄泻等症。

沙参

沙参又称知母、白沙参，味甘、微苦，性微寒，归肺、胃经；具有清肺化痰、养阴润燥、益胃生津的功效；主治阴虚发热、肺燥干咳、肺痿痨嗽、痰中带血、喉痹咽痛、津伤口渴。

土茯苓又称土苓、红土苓，味甘、淡，性平，归肝、胃、肾、脾经；具有解毒散结、祛风通络、利湿泄浊之功效；主治梅毒、喉痹、痈疽恶疮、瘰疬、癌瘤、筋骨挛痛、水肿、淋浊、泄泻、脚气、湿疹疥癣、汞中毒。

薏米又称薏仁、薏苡仁，味甘、淡，性微寒，归脾、胃、肺经；有健脾利水、利湿除痹、清热排脓、清利湿热之功效；可用于治疗泄泻、筋脉拘挛、屈伸不利、水肿、脚气、肠痈、淋浊、白带等症。

党参又称东党、台党、口党、黄参，味甘，性平，归脾、肺经；具有健脾补肺、益气养血、生津止渴的功效；主治脾胃虚弱、食少便溏、倦怠乏力、肺虚喘咳、气短懒言、自汗、血虚萎黄、口渴。

红枣味甘，性平，入脾、胃经；具有补益脾胃、滋养阴血、养心安神、益智健脑、增强食欲的功效；主治脾胃虚弱、食少便溏、气血亏损、体倦无力、面黄肌瘦、妇女血虚脏躁、精神不安等症。

玉竹又称玉参，味甘，性平，归肺、胃经；具有润肺滋阴、养胃生津之功效；主治燥热咳嗽、虚劳久嗽、内热消渴、阴虚外感、寒热鼻塞、头目昏眩、筋脉挛痛。

人参又称山参、园参、黄参、玉精，味甘、微苦，性微温，归脾、肺、心、肾经；具有补气固脱、健脾益肺、宁心益智、养血生津的功效；主治大病、久病、失血，脱水所致元气欲脱、神疲脉微，脾气不足之食少倦怠、呕吐泄泻，肺气虚弱之气短喘促、咳嗽无力，心气虚衰之失眠多梦、惊悸健忘、体虚多汗，津亏之口渴、消渴，血虚之萎黄、眩晕，肾虚之阳痿、尿频、气虚外感。

雪 蛤

雪蛤又称雪蛤膏，味甘咸，性平和；具有补肾益精、养阴润肺的功效；对于身体虚弱、病后失调、神疲乏力、精神不足、心悸失眠、盗汗不止、痨嗽咯血等有特效。

陈皮又称橘皮、广陈皮，味辛、苦，性温，归脾、胃、肺经；具有理气和中、燥湿化痰、利水通便的功效；主治脾胃不和，不思饮食，呕吐哕逆，痰湿阻肺，咳嗽痰多，胸膈满闷，头晕目眩。

陈 皮

桂圆肉

桂圆肉又称龙眼肉，味甘，性温；具有开胃益脾、养血安神、补虚长智之功效；可治疗贫血和因缺乏烟酸造成的皮炎、腹泻、痴呆、甚至精神失常，同时对癌细胞有一定的抑制作用。

南杏仁又称甜杏仁，甜杏仁味甘，性平，无毒，入肺、大肠经，具有润肺养颜、止咳祛痰、润肠通便等功效；主治虚劳咳喘、肠燥便秘。

南杏仁

燕 窝

燕窝又称燕菜、燕根、燕蔬菜，味甘，性平，入肺、脾、肾经；具有养阴润燥、益气补中之功效；主治虚损、痨瘵、咳嗽痰喘、咯血、吐血、久痢、久疟、噎膈、反胃。

西洋参又称花旗参、西洋人参、洋参，味甘、微苦，性凉，归心、肺、肾经；具有益气生津、养阴清热、增强免疫力、镇静等功效；用于热病伤津耗气、阴虚内热、气阴两伤等症。

西洋参

无花果

无花果又称天生子、文仙果，味甘，性平，无毒；具有健脾益肺、滋养润肠、利咽消肿的功效；主治消化不良、不思饮食、阴虚咳嗽、干咳无痰、咽喉痛等症。

太子参又称童参、孩儿参、四叶参、米参，味甘、微苦，性平，归脾、肺经；具有补中益气、养阴生津之功效；主治脾虚食少、倦怠乏力、心悸自汗、肺虚咳嗽、津亏口渴等症。

何首乌又称首乌、赤敛，味苦、甘涩，性微温，归肝、肾经；具有补肝肾、益精血、润肠通便、祛风解毒、截疟的功效；主治肝肾精血不足、腰膝酸软、遗精耳鸣、头晕目眩、心悸失眠、须发早白、肠燥便秘、风疹癣疥、皮肤瘙痒、疟疾、瘰疬、脾性风、痔疮、疮痈。

罗汉果又称假苦瓜、拉汉果，味甘，性凉，归肺、脾经；具有清肺利咽、化痰止咳、润肠通便之功效；主治痰火咳嗽、咽喉肿痛、伤暑口渴、肠燥便秘。

菊花又称怀菊花，菊花味甘、微苦，性微寒，归肺、肝经；具有疏散风热、清肝明目、清热解毒的功效；主治外感风热或温病初起、发热、头痛、眩晕、目赤肿痛、疔疮肿毒。菊花性凉，气虚胃寒、食少泄泻者慎服。

田七又称三七、金不换、三七参，味甘、微苦，性温，归肺、心、肝、大肠经；具有祛瘀止血、消肿止痛、降低胆固醇之功效；可用于治疗跌打瘀肿疼痛、瘀血内阻所致的胸腹及关节疼痛，还能活血化瘀、消肿。

鸡骨草又称黄头草、黄仔强、大黄草，味甘、微苦，性凉，归肝、胆、胃经；具有清热利湿、散瘀止痛的功效；主治黄疸型肝炎、小便刺痛、胃脘痛、风湿骨节疼痛、跌打瘀血肿痛、乳痈。

川贝又称贝母、川贝母，味苦、甘，性微寒，归肺、心经；具有清热化痰、润肺止咳、散结消肿的功效；主治虚劳久咳、肺热燥咳、肺痈吐脓、瘰疬结核、乳痈、疮肿。

百合又称重迈、中庭，味甘、微苦，性平，归肺、心、肾经；具有养阴润肺、清心安神、润肺止咳的功效；主治阴虚久咳、痰中带血、咽痛失音、虚烦惊悸、失眠多梦、精神恍惚、痈肿。

车前草又称车轮菜、车前、当道，味甘，性寒，归肾、膀胱、肝经；具有清热利尿、凉血解毒的功效；主治热结膀胱、小便不利、淋浊带下、水肿黄疸、泻痢、肺热咳嗽、肝热目赤、咽痛、乳蛾、衄血、尿血、痈肿疮毒。

北杏仁又称苦杏仁，味苦、辛，性微温，有小毒，入脾、肺经；具有宣肺止咳、降气平喘、润肠通便、杀虫解毒等功效；主治咳嗽、喘促胸闷、喉痹咽痛、肠燥便秘、虫毒疮疡。

白茅根又称茅根、兰根、茹根，味甘，性寒，归心、肺、胃、膀胱经；具有凉血止血、清热生津、利尿通淋的功效；主治血热吐血、衄血、咯血、尿血、崩漏、紫癜、热病烦渴、胃热呕逆、肺热喘咳、小便淋漓涩痛、水肿、黄疸。

白果又称银杏，性平、味甘、苦涩，有小毒。白果熟食用以佐膳、煮粥、煲汤或制作夏季清凉饮料等。可润肺、定喘、涩精、止带，寒热皆宜。主治哮喘、痰嗽、白带、白浊、遗精、淋病、小便频数等症。

夏枯草又称铁色草、大头花、夏枯头，味苦、辛，性寒，归肝、胆经；具有清肝泻火、解郁散结、消肿解毒之功效；主治头痛眩晕、烦热耳鸣、目赤畏光、目珠疼痛、胁肋胀痛、瘰疬瘿瘤、乳痈、痄腮、疖肿、肝炎。

生地黄又称干地黄、原生地、干生地，味甘、苦，性微寒，归心、肝、肾经；具有清热养阴、生津凉血之功效；主治温热病之高热、口渴、出血等症。

阿胶　阿胶又称驴皮胶、傅致胶、盆覆胶，味甘，性平，归肺、心、肝、肾经；具有补血、止血、滋阴润燥的功效；主治血虚萎黄、眩晕心悸、虚劳咯血、衄血、吐血、便血、尿血、血痢、妊娠胎漏、崩漏、肺虚燥咳、虚风搐搦、虚烦失眠。

杜仲　杜仲又称扯丝皮、丝棉皮、思仙、思仲，味甘、微辛，性温，归肝、肾经。具有补肝肾、强筋骨、安胎的功效。主治腰膝酸痛、阳痿、遗精、尿频、小便余沥、阳亢眩晕、风湿痹痛、阴下湿痒、胎动不安、漏胎小产。

金银花　金银花又称银花、双花、金花，味甘、微苦，性寒，归肺、心、胃经，具有清热透表、解毒利咽、凉血止痢之功效；主治温热表证、发热烦渴、痈肿疔疮、喉痹咽痛、热毒血痢。

黄精　黄精又称老虎姜、白及、兔竹，味甘，性平，归脾、肺、肾经；具有健脾益气、滋肾填精、润肺养阴的功效；主治阴虚劳嗽、肺燥干咳；脾虚食少、倦怠乏力、口干消渴、肾亏腰膝酸软、阳痿遗精、耳鸣目暗、须发早白、体虚羸瘦、风癞癣疾。

川芎　川芎又称香果、雀脑芎、京芎、贯芎，味辛，性温，归肝、胆、心经；具有活血行气、祛风止痛的功效；主治月经不调、痛经、经闭、难产、胞衣不下、产后恶露腹痛、肿块、心胸胁疼痛、跌打损伤肿痛、头痛眩晕目暗、风寒湿痹、肢体麻木、痈疽疮疡。

天麻　天麻又称定风草、赤箭、明天麻，味甘、辛，性平，归肝经；具有平肝熄风、祛风止痛之功效；用于风痰引起的眩晕、偏正头痛、肢体麻木、半身不遂等症。

柏子仁　柏子仁又称柏实、柏子、柏仁、侧柏子，味甘，性平，归心、肾、大肠经；具有养心安神、润肠通便的功效；主治惊悸怔忡、失眠健忘、自汗盗汗、遗精、肠燥便秘。

当归又称干归、秦归、马尾归，味甘、辛、微苦，性温，归肝、心、脾经；具有补血、活血、调经止痛、润肠通便的功效；主治血虚、血瘀诸症、眩晕头痛、心悸肢麻、月经不调、经闭、痛经、崩漏、结聚、虚寒腹痛、痿痹、赤痢后重、肠燥便难、跌打肿痛、痈疽疮疡。

当归

巴戟天

巴戟天又称鸡肠风、巴戟、巴吉天、戟天，味辛、甘，性微温，归肝、肾经；具有补肾阳、强筋骨、祛风湿的功效；主治肾虚阳痿、遗精滑泄、少腹冷痛、遗尿失禁、宫寒不孕、腰膝酸痛、风寒湿痹、风湿脚气。

桑寄生又称寄生、桑上寄生、寓木，味苦、甘，性平，归肝、肾经；具有补肝肾、强筋骨、祛风湿、养血安胎等功效；用于肝肾不足、血虚失养的关节不利、筋骨痿软、腰膝酸痛等症，本品还能养血安胎气，补肾固胎元，用于血虚胎动不安。

桑寄生

丹 参

丹参又称郄蝉草、赤参、木羊乳，味苦、微辛，性微寒，归心、脾、肝、肾经；具有活血祛瘀、养血安神、凉血消肿的功效；主治瘀血，头、胸、胁、腹疼痛，积聚，月经不调，痛经经闭，产后瘀滞腹痛，关节痹痛，跌打瘀肿，温病心烦，血虚心悸，疮疡肿毒，丹疹疥癣。

熟地黄又称熟地，味甘，性微温，归肝、肾经；具有补血滋阴、益精填髓、强心、利尿、降血糖、增强免疫力等功效；主治肝肾阴虚、腰膝酸软、骨蒸潮热、盗汗遗精、内热消渴、血虚萎黄、心悸怔忡、月经不调、崩漏下血、眩晕耳鸣、须发早白等症。

熟地黄

淮 山

淮山又称山药，味甘、性平，入肺、脾、肾经；具有健脾补肺、益胃补肾、固肾益精、聪耳明目、助五脏、强筋骨、长志安神、延年益寿的功效；主治脾胃虚弱、倦怠无力、食欲缺乏、久泄久痢、肺气虚燥、痰喘咳嗽、肾气亏耗、遗精早泄、带下白浊等症。

黄芪

黄芪又称王孙、黄耆，味甘，性微温，归脾、肺经；具有补气升阳、固表止汗、行水消肿、托毒生肌的功效；具有治疗内伤劳倦、神疲乏力、脾虚泄泻、肺虚喘嗽、胃虚下垂、久泄脱肛、阴挺、吐血、便血、崩漏带下、表虚自汗、盗汗、水肿、血盖、痈疽难溃或溃久不敛。

白芷

白芷又称芳香、泽芬、香白芷，味辛，性温，归肺、胃、大肠经；具有祛风解表、散寒止痛、除湿通窍、消肿排脓的功效；主治风寒感冒、头痛、眉棱骨痛、齿痛、目痒泪出，鼻塞、鼻渊、湿盛久泻、肠风痔漏、赤白带下、痈疽疮疡、瘙痒疥癣、毒蛇咬伤。

枸杞子

枸杞子又称甘杞、贡杞，味甘，性平，归肝、肾、肺经；具有补肾益精、养肝明目、润肺生津、延年益寿之功效；主治肝肾亏虚、腰膝酸软、阳痿遗精、头晕目眩、视物不清、虚劳咳嗽、消渴等症。

蜜枣

蜜枣是用鲜枣加工而成的一种蜜饯，色泽金黄如琥珀，切割后缕纹如金丝，光艳透明，肉厚核小，保留天然枣香。蜜枣味甘，性平，入脾、胃经；有补益脾胃、养心安神、滋养阴血、缓和药性等功效。

白术

白术又称山蓟、山精、乞力伽、吃力伽、冬白术，味苦、甘，性温，归脾、胃经；具有健脾益气、燥湿利水、固表止汗、安胎的功效；主治脾气虚弱、食少腹胀、大便溏泻、痰饮、水肿、小便不利、湿痹酸痛、气虚自汗、胎动不安。

山楂

山楂又称红果子、棠棣子，味酸、甘，性微温，归脾、胃、肝经；具有消食积、止泻痢、行瘀滞的功效；主治肉食积滞、脘腹胀痛、泄泻痢疾、产后瘀滞腹痛、恶露不尽、痰瘀胸痹、眩晕、寒湿腰痛、疝气、睾丸肿痛。

麦 冬

麦冬又称麦门冬，味甘，微苦，性微寒，归肺、胃、心经；具有滋阴润肺、益胃生津、清心除烦等功效；主治肺燥干咳、阴虚劳嗽、肺痈、咽喉疼痛、津伤口渴、内热消渴、肠燥便秘、心烦失眠、血热吐衄。

灵 芝

灵芝又称灵芝草、木灵芝、菌灵芝，味甘苦，性平，归心、肺、肝、脾经；具有养心安神、补肺益气、滋肝健脾的功效；主治虚劳体弱、神疲乏力、心悸失眠、头目昏晕、久咳气喘、食少纳呆。

酸枣仁

酸枣仁又称枣仁，味甘、微酸，性平，归心、肝、胆经；具有养心安神、益阴敛汗、补肝宁心之功效；适于肝血不足、虚烦不眠及体虚多汗、津伤口渴等症。

玄 参

玄参又称元参、乌元参、黑参，味苦、甘、咸，性微寒，归肺、胃、肾经；具有清热凉血、养阴生津、泻火解毒、软坚散结等功效；用于热病伤津的口燥咽干、大便燥结、消渴等病症。

Part 1

滋补养生 老火汤

人参鹌鹑汤

鹌　鹑…………………　2只
猪瘦肉………………350克
鲜人参…………………40克
桂圆肉…………………20克
食　盐……………………适量

温馨提示

　　鹌鹑肉含丰富的卵磷脂，可生成溶血磷脂，具有抑制血小板凝聚的作用，可阻止血栓形成，保护血管壁，阻止动脉硬化。磷脂是高级神经活动不可缺少的营养物质，具有健脑作用。

养生功效

　　此款汤水具有强身健体、消疲提神、补中益气、健脾益肺、宁心益智、养血生津之功效；适宜心气虚衰、身虚体弱、咳嗽哮喘、失眠多梦、神经衰弱者饮用。

制作步骤

❶鹌鹑杀好，清洗干净；猪瘦肉洗净，切厚片。

❷鲜人参、桂圆肉洗净。

❸把适量清水煮沸，放入全部材料。再次煮开后改慢火煲3小时，加盐调味即可。

制作步骤

① 黑豆提前半天浸泡，洗净；红枣洗净，去核。

② 猪排骨洗净，斩件，飞水。

③ 将适量清水放入煲内，煮沸后加入以上材料，猛火煲滚后改用慢火煲2小时，加盐调味即可。

黑豆红枣排骨汤

原料

猪排骨	500克
黑豆	100克
红枣	25克
生姜	1片
食盐	适量

 养生功效

　　此款汤水补而不燥，具有强壮身体、健脾开胃、补肾益阴、补血养颜之功效；特别适宜体质虚弱、贫血者饮用。

温馨提示

　　黑豆皮为黑色，含有花青素，花青素是很好的抗氧化剂来源，能清除体内自由基，尤其是在胃的酸性环境下，抗氧化效果好，养颜美容，促进肠胃蠕动。

制作步骤

❶ 淮山、枸杞子洗净。

❷ 乌鸡清洗干净，斩件，飞水。

❸ 把全部材料放入炖盅内，加入适量开水，隔水炖3小时，加盐调味即可。

淮山杞子 乌鸡汤

原料

乌　鸡……………500克
淮　山……………50克
枸杞子……………20克
食　盐……………适量

温馨提示

乌鸡用于食疗，多与银耳、黑木耳、茯苓、山药、红枣、冬虫夏草、莲子、天麻、芡实、糯米或枸杞子配伍。

养生功效

此款汤水具有补肝益肾、健脾补肺、强壮身体、延年益寿之功效；特别适宜脾胃虚弱、倦怠无力、食欲缺乏、肺气虚燥者饮用。

双菇脊骨汤

原料

猪脊骨500克，干茶树菇100克，冬菇30克，生姜2片，食盐适量。

制作步骤

① 猪脊骨洗净斩件，飞水待用。
② 茶树菇浸泡洗净，去蒂切段；冬菇洗净待用；老姜去皮，洗净切片。
③ 将适量清水注入煲内煮沸，放入全部材料再次煮开后改慢火煲2.5小时，加盐调味即可。

养生功效

此款汤水清香爽口，具有补虚扶正、强身健体、健脾益气、开胃消食之功效；特别适宜高血压、心血管病、肥胖者饮用。

温馨提示

茶树菇含人体所需的17种氨基酸和10多种矿物质、微量元素与抗癌多糖，其外观诱人、肉质脆嫩、味道鲜美、香浓、口感佳。

海参里脊肉汤

原料

猪里脊肉500克，海参150克，鸡蛋角1个，食盐适量。

制作步骤

① 海参洗净，切段，飞水；猪里脊肉洗净，切成大块，飞水；鸡蛋角切成小片。
② 将适量清水放入煲内，煮沸后加入瘦肉、海参，猛火煲滚后改用慢火煲2小时。
③ 加入鸡蛋角，加盐调味即可。

养生功效

此款汤水具有强身健体、促进人体生长发育、延缓衰老、健肤美容之功效；特别适宜精力不足、气血不足、神经衰弱者饮用。

温馨提示

发好的海参不能久存，最好不超过3天，存放期间用凉水浸泡，每天换水2～3次，不要沾油，可放入冰箱中冷藏。

虫草花煲鸡汤

原料

光鸡500克，猪瘦肉250克，虫草花20克，桂圆肉20克，食盐适量。

制作步骤

① 光鸡洗净，斩件；猪瘦肉洗净，切块，飞水。

② 桂圆、虫草花分别浸泡30分钟，洗净。

③ 将适量清水放入煲内，煮沸后加入以上材料，猛火煲滚后改用慢火煲3小时，加盐调味即可。

养生功效

此款汤水具有益精补髓、滋阴补血、补肾润肺、温中益气之功效；特别适宜病后体弱、肾虚阳痿、腰膝酸痛者饮用。

温馨提示

虫草花并非花，它是人工培养的虫草子实体，属于一种菌类。虫草花外观最大的特点是没有虫体，只有橙色或黄色的"草"，而功效则和虫草差不多，具有滋肺补肾、护肝、抗氧化、防衰老、抗菌消炎、镇静、降血压、提高机体免疫力等作用。

北芪泥鳅汤

原料

泥鳅500克，北芪20克，红枣20克，姜片、食盐、植物油各适量。

制作步骤

① 北芪洗净，放入清水中浸泡片刻；红枣去核，洗净。

② 泥鳅放入沸水中略焯，捞出沥干。

③ 锅中加油烧热，放入姜片炒香，再放入泥鳅煎至金黄色，捞出沥油。

④ 水烧沸，放入泥鳅、北芪、红枣煮滚，改用小火煲约2小时，再加食盐调味即成。

养生功效

此款汤水具有益气养血、健脾补虚、固表止汗之功效；特别适宜病后体虚、面色苍白、自汗者饮用。

温馨提示

泥鳅营养丰富，富含蛋白质，还有多种维生素，具有药用价值，是人们所喜爱的水产佳品。

参芪生鱼汤

生　鱼·················500克
猪瘦肉·················250克
高丽参·················20克
北　芪·················20克
红　枣·················20克
生　姜··················2片
食　盐·················适量
植物油·················适量

温馨提示

生鱼肉中含蛋白质、脂肪、18种氨基酸等，还含有人体必需的钙、磷、铁及多种维生素。

养生功效

此款汤水具有强壮身体、补气补血、健脾养心之功效；特别适宜气血两虚，头晕目眩、疲神乏力、心悸失眠者饮用。

制作步骤

❶ 红枣去核、洗净；高丽参、北芪洗净。

❷ 瘦肉洗净，切块，飞水；生鱼去鳃、鳞，烧锅下油、姜片，将生鱼煎至金黄色。

❸ 将适量清水放入煲内，煮沸后加入以上材料，猛火煲滚后改用小火煲2小时，加盐调味即可。

制作步骤

① 杜仲、桑寄生浸泡，洗净；蜜枣洗净。

② 猪脊骨斩件，洗净，飞水。

③ 将适量清水放入煲内，煮沸后加入以上材料，猛火煲滚后改用慢火煲3小时，加盐调味即可。

杜仲煲脊骨汤

原料

猪脊骨……………750克
杜　仲……………30克
桑寄生……………30克
蜜　枣……………20克
食　盐…………… 适量

温馨提示

　　杜仲以皮厚而大、粗皮干净、内表面暗紫色、断面银白胶丝多而长者为佳。

养生功效

　　此款汤水具有强身健体、滋补益养、强壮筋骨之功效；特别适宜筋骨酸软、跌打损伤、肢节疼痛者饮用。

北芪鲫鱼汤

原料

鲫鱼500克，北芪20克，生姜3片，食盐、植物油各适量。

制作步骤

1. 将北芪用清水浸泡，洗净、沥水；鲫鱼去鳞、去鳃，剖腹除去内脏，洗净。
2. 锅置火上，加入植物油烧沸，下入姜片略煎，再放入鲫鱼煎至金黄色。
3. 将适量清水放入煲内，煮沸后加入以上材料，猛火煲滚后改用小火煲2小时，加盐调味即可。

养生功效

此款汤水具有强身壮体、固表敛汗、利水消肿之功效；特别适宜身体虚弱、气虚、面色无华、自汗者饮用。

温馨提示

鲫鱼不宜和大蒜、砂糖、芥菜、沙参、蜂蜜、猪肝、鸡肉、野鸡肉、鹿肉以及中药麦冬、厚朴一同食用。

田七海参瘦肉汤

原料

瘦肉500克，水发海参150克，田七15克，蜜枣15克，食盐适量。

制作步骤

1. 瘦肉洗净，切块，飞水。
2. 海参洗净，切厚片，飞水；田七洗净，打碎；蜜枣洗净。
3. 将适量清水放入煲内，煮沸后加入以上材料，猛火煲滚后改用慢火煲3小时，加盐调味即可。

养生功效

此款汤水具有滋阴补肾、壮阳益精、健脾养胃、活血止血之功效；特别适宜精力不足、气血不足、溃疡者饮用。

温馨提示

海参如是干货保存，最好放在密封的木箱中，可防潮。

川芎天麻鲤鱼汤

鲤鱼500克，天麻20克，川芎20克，生姜3片，食盐适量。

制作步骤

① 川芎、天麻浸泡，洗净。

② 鲤鱼去鳃、内脏，洗净；烧锅下油、姜片，将鲤鱼煎至金黄色。

③ 将适量清水放入煲内，煮沸后加入以上材料，猛火煲滚后改用慢火煲2小时，加盐调味即可。

养生功效

此款汤水具有强身健体、祛风活血、通络止眩之功效；特别适宜身体虚弱、头晕目眩者饮用。

温馨提示

天麻不可与御风草根同用，否则有导致肠结的危险。

淮枸沙虫瘦肉汤

猪瘦肉500克，沙虫干50克，淮山50克，枸杞子30克，桂圆肉25克，生姜2片，食盐适量。

制作步骤

① 猪瘦肉洗净，切块，飞水。

② 淮山、枸杞子、桂圆肉浸泡，洗净；沙虫干用温水浸开，洗净；姜片洗净。

③ 将适量清水放入煲内，煮沸后加入以上材料，猛火煲滚后改用慢火煲2小时，加盐调味即可。

养生功效

此款汤水气味清润，具有壮身体、补脾肾、益气血、止泄泻之功效；特别适宜脾肾不足、不思饮食、食少便溏、口渴欲饮、形体瘦弱者饮用。

温馨提示

沙虫干性平味甘、咸，保健功效非常大，具有健脾养胃、益气补血、滋养补虚之功效。

淮山麦芽鸡胗汤

原料

猪瘦肉·················500克
鲜鸡胗·················250克
淮　山················· 50克
麦　芽················· 30克
莲　子················· 30克
蜜　枣················· 20克
食　盐················· 适量

温馨提示

购买鸡胗时要叮嘱卖主不要撕下鸡内金，买回后用淀粉、花生油、反复搓擦，洗净，飞水。

养生功效

此款汤水味道鲜美，具有滋润益养、益肺固肾、健脾开胃之功效；特别适宜于病后需调理、唇色淡白、面色无华、食欲缺乏者饮用。

制作步骤

❶ 鸡胗洗净，飞水；猪瘦肉洗净，切块，飞水。

❷ 淮山、麦芽、莲子分别浸泡30分钟，洗净；蜜枣洗净。

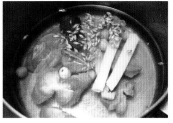

❸ 将适量清水放入煲内，煮沸后加入以上材料，猛火煲滚后改用慢火煲2小时，加盐调味即可。

北芪蜜枣生鱼汤

原料

生　鱼……………500克
北　芪…………… 30克
蜜　枣…………… 15克
老　姜…………… 2片
食　盐…………… 适量

温馨提示

　　若想让此汤味道更加鲜美，可加入适量猪瘦肉同煲。

养生功效

　　此款汤水具有补气固表、敛汗生肌、强身健体之功效；特别适宜身体虚弱、病后体虚、汗多者饮用。

制作步骤

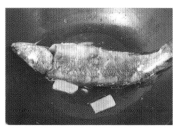

❶北芪浸泡30分钟，洗净；蜜枣洗净。

❷生鱼去鳃、鳞，烧锅下花生油、姜片，将生鱼两面煎至金黄色。

❸将适量清水放入煲内，煮沸后加入以上材料，猛火煲滚后改用慢火煲2小时，加盐调味即可。

制作步骤

❶ 灵芝、蜜枣洗净；陈皮浸软，洗净。

❷ 老鸭洗净，剁成块，下入沸水锅中焯透，捞出沥干。

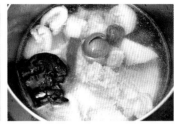

❸ 将清水放入煲内烧沸，加入以上原料，猛火煲沸后改用慢火煲3小时，加盐调味即可。

灵芝煲老鸭汤

原料

老　鸭……………750克
灵　芝…………… 40克
蜜　枣…………… 10克
陈　皮…………… 1小块
食　盐…………… 适量

温馨提示

　　灵芝含有多种氨基酸、蛋白质、生物碱、香豆精、甾类、三萜类、挥发油、甘露醇、树脂及糖类、维生素B_2、维生素C、内酯和酶类。

养生功效

　　此款汤水补而不燥，具有强身健体、润肺补肾、养阴止咳之功效；特别适宜阴虚体瘦、食欲缺乏者饮用。

制作步骤

① 鹌鹑宰杀，去毛及内脏，洗净，放入沸水中焯烫一下，捞出；猪瘦肉洗净，切成块，飞水。

② 芡实用清水浸泡1小时，洗净；节瓜去皮，洗净，切成大块；生姜洗净，切片。

③ 锅中加入适量清水煮沸，再放入鹌鹑、猪瘦肉、节瓜、芡实、姜片煮沸，再改用慢火煲约2小时，加入食盐调味即成。

节瓜芡实鹌鹑汤

原料

鹌　　鹑	500克
猪瘦肉	250克
节　　瓜	400克
芡　　实	50克
姜　　片	15克
食　　盐	适量

温馨提示

　　超市就有新鲜的鹌鹑，而且是剖开掏干净内脏的。但可能会残留极少量的毛，买回后要清理干净。

🏺养生功效

　　此款汤水具有清润滋补、补中益气之功效；特别适宜营养不良、体虚乏力、贫血头晕、肾炎水肿者饮用。

淮枸煲乳鸽汤

原料

乳鸽1只，猪瘦肉150克，淮山30克，枸杞子20克，川贝母15克，生姜2片，食盐适量。

制作步骤

① 乳鸽杀好，去毛、内脏，洗净，飞水；猪瘦肉洗净，切块，飞水。

② 淮山、枸杞子、川贝母浸泡30分钟，洗净。

③ 将适量清水放入煲内，煮沸后加入以上材料，猛火煲滚后改用慢火煲2小时，加盐调味即可。

养生功效

此款汤水具有温补滋润、健肺祛痰、滋补肝肾之功效；特别适宜肾虚体弱、心神不宁、体力透支者饮用。

温馨提示

乳鸽肉含有较多的支链氨基酸和精氨酸，可促进体内蛋白质的合成，加快创伤愈合。

阿胶鸡丝汤

原料

鸡胸肉150克，阿胶30克，食盐适量。

制作步骤

① 鸡胸肉洗净，切成丝。

② 煲内注入适量清水煮沸，放入阿胶煮至阿胶溶化。

③ 加入鸡丝，煮至鸡丝熟，加盐调味即可。

养生功效

此款汤水具有补血滋阴、养血调经之功效；特别适宜妇女阴血不足、月经漏下不止、面黄眩晕、心烦不眠者饮用。

温馨提示

阿胶有一股特殊的膻味，不易被人接受，但通过不同的制作方法，可以消除膻味，如本汤所介绍的制作方法，既省时方便，又能减少膻味。

柏子仁瘦肉汤

原料

瘦肉750克，柏子仁30克，当归30克，红枣20克，食盐适量。

制作步骤

1. 瘦肉洗净，切块，飞水。
2. 当归、柏子仁浸泡30分钟，洗净；红枣去核，洗净。
3. 将适量清水放入煲内，煮沸后加入以上材料，猛火煲滚后改用慢火煲2小时，加盐调味即可。

养生功效

此款汤水具有活血行血、养血安神、滋润生发之功效；特别适宜血虚心悸、精神不振、须发早白、大便不畅者饮用。

温馨提示

红枣用于此汤，主要起到养血生发的作用，去核煲汤可减少燥性。

黑豆塘虱鱼汤

原料

塘虱鱼500克，黑豆50克，黑枣20克，生姜3片，食盐适量。

制作步骤

1. 黑豆提前半天浸泡，洗净；黑枣洗净。
2. 塘虱鱼去鳃、内脏，洗净，飞水；烧锅下油、生姜，塘虱鱼煎至金黄色。
3. 将适量清水放入锅内，煮沸后加入以上材料，猛火煲滚后改用小火煲3小时，加盐调味即可。

养生功效

此款汤水具有健脾养血、乌发生发、润泽肌肤之功效；特别适宜脾虚胃弱、须发早白、肌肤干燥者饮用。

温馨提示

塘虱鱼体表黏液丰富，宰杀后放入沸水中烫一下，再用清水冲洗，即可去掉黏液；清洗塘虱鱼时，一定要将鱼卵清除掉，因为塘虱鱼鱼卵有毒，不能食用。

淮山芡实老鸽汤

原料

老　鸽·················· 1只
猪腱肉··············250克
淮　山·············· 50克
芡　实·············· 50克
桂圆肉·············· 30克
生　姜·················· 2片
食　盐·············· 适量

温馨提示

淮山用鲜品或干品皆可，功效相差不大；如用鲜淮山，去皮切片后需立即浸泡在盐水中，以防氧化变黑。

养生功效

此款汤水具有滋阴补血、补气健脾、开胃消食之功效；特别适宜脾胃气虚、饮食减少、肢体微肿、心悸失眠、神经衰弱者饮用。

制作步骤

❶老鸽宰杀，去毛、内脏，洗净，飞水；猪腱肉洗净，切块，飞水。

❷芡实浸泡2小时，洗净；淮山、桂圆肉洗净。

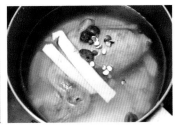

❸将适量清水放入煲内，煮沸后加入以上材料，猛火煲滚后改用慢火煲2小时，加盐调味即可。

制作步骤

① 莲藕去皮，洗净，切块；赤小豆浸泡1小时，洗净。

② 猪蹄肉洗净，切块，飞水。

③ 将适量清水放入煲内，煮沸后加入以上材料，猛火煲滚后改用慢火煲2小时，加盐调味即可。

莲藕赤小豆猪蹄汤

猪蹄肉	500克
莲　藕	250克
赤小豆	100克
食　盐	适量

温馨提示

猪蹄肉是猪手以上部位的肉；食用莲藕要挑选外皮呈黄褐色、肉肥厚而白的。如果发黑，有异味，则不宜食用。

养生功效

此款汤水具有滋阴补血、健身强体、益胃健脾、养血补益之功效；特别适宜烦躁口渴、脾虚泄泻、食欲缺乏者饮用。

🐢 养生功效

此款汤水具有补血生肌、消食开胃、加速伤口愈合之功效；特别适宜身体虚弱、脾胃气虚、营养不良、贫血之人饮用。

核桃芝麻乳鸽汤

原料

乳鸽1只，瘦肉250克，核桃肉50克，黑芝麻30克，蜜枣20克，食盐适量。

制作步骤

❶ 乳鸽去毛、内脏，洗净，飞水；瘦肉洗净，切块，飞水。

❷ 黑芝麻、核桃肉、蜜枣洗净。

❸ 将适量清水放入煲内，煮沸后加入以上材料，猛火煲滚后改用慢火煲3小时，加盐调味即可。

🐢 养生功效

此款汤水甘甜滋润，具有滋阴养血、黑发生发、养肝固肾之功效；特别适宜肾虚、须发早白、脱发、大便不畅者饮用。

红枣瘦肉生鱼汤

原料

生鱼500克，猪瘦肉250克，红枣20克，陈皮1小块，食盐适量。

制作步骤

❶ 红枣去核，洗净；陈皮浸软，洗净。

❷ 猪瘦肉洗净，切块，飞水；生鱼去鳃、鳞；烧锅下花生油、姜片，将生鱼煎至金黄色。

❸ 将适量清水放入煲内，煮沸后加入以上材料，猛火煲滚后改用慢火煲2小时，加盐调味即可。

温馨提示

陈皮用作调味料，有增香添味、去腥解腻的作用，以片大、色鲜、油润、质软、香气浓者为佳。

温馨提示

芝麻仁外面有一层稍硬的膜，碾碎后食用才能使人体吸收到营养，所以整粒的芝麻应加工后再吃。

花胶炖老鸭汤

原料

鸭肉400克，淮山50克，花胶、枸杞子各20克，食盐适量。

制作步骤

① 将花胶用清水浸泡发透，洗净、沥水，切成丝；淮山、枸杞子用清水洗净。

② 鸭肉用清水洗净，斩件，飞水。

③ 将鸭肉块放入炖盅内，再放入花胶丝、淮山、枸杞子，加入适量开水，然后放入蒸锅中隔水炖约3小时，加盐调味即可。

养生功效

此款汤水具有滋阴美颜、补中益气、旺血养血、开胃消食之功效；特别适宜滑精遗精、带下者饮用。

温馨提示

花胶为鱼鳔干制而成，有黄鱼肚、鱼肚、鳗鱼肚等，主要产于我国沿海及南沙群岛等地，以广东所产的"广肚"质量最好，福建、浙江一带所产的"毛常肚"软次于广肚，但也系佳品。

花生腐竹鱼头汤

原料

大鱼头500克，花生仁100克，腐竹30克，红枣20克，生姜2片，食盐适量。

制作步骤

① 花生仁浸泡1小时，洗净；腐竹洗净、浸软，切段；红枣去核，洗净。

② 鱼头洗净，斩成两半。起锅下油、姜片，将鱼头煎至金黄色。

② 将适量清水放入煲内，煮沸后加入以上材料，猛火煲滚后改用慢火煲2小时，加盐调味即可。

养生功效

此款汤水具有益气养血、清补脾胃、健脑益智之功效；特别适宜营养不良、食少体弱者饮用。

温馨提示

如是体质较为燥热者饮用此汤，可不煎鱼头直接烹制。

红枣鸡蛋汤

原料

鸡　　蛋……………… 30克
红　　枣……………… 20克
桂圆肉……………… 20克
食　　盐……………… 适量

温馨提示

　　本汤功效显著，制作简便，若喜欢喝甜汤之人，可在煲汤时把食盐改成冰糖即可。

养生功效

　　此款汤水具有健脾养胃、养血调经之功效；特别适宜经后、产后血虚引起的头晕、眼花、心悸、精神疲乏者饮用。

制作步骤

❶ 红枣去核，洗净，切成丝状；桂圆肉浸泡，洗净。

❷ 煲内注入适量清水，放入红枣、桂圆肉，中火煮20分钟。

❸ 将鸡蛋去壳，打入汤内，煮15分钟即可。

木瓜花生排骨汤

原料

猪排骨	500克
木　瓜	250克
花　生	50克
红　枣	20克
食　盐	适量

温馨提示

　　木瓜中含有大量水分、碳水化合物、蛋白质、脂肪、多种维生素及多种人体必需的氨基酸，可有效补充人体的养分，增强机体的抗病能力。

养生功效

　　此款汤水具有养颜补血、滋润皮肤、润肠通便之功效；特别适宜消化不良、营养不良、产妇乳少者饮用。

制作步骤

❶木瓜去皮、子，洗净切成大块；花生浸泡30分钟，洗净；红枣洗净，去核。

❷排骨洗净，斩件，飞水。

❸将适量清水放入煲内，煮沸后加入以上材料，猛火煲滚后改用慢火煲2小时，加盐调味即可。

制作步骤

① 桑寄生、黑米、蜜枣洗净；鸡蛋原只洗净；将鸡蛋、桑寄生放入煲内煮30分钟。

② 煲至鸡蛋熟透后，取出去壳。

③ 将去壳鸡蛋与黑米一同放回煲内，煮开后煲1小时，加盐调味即可。

桑寄生黑米鸡蛋汤

原料

鸡　蛋……………	1只
桑寄生……………	30克
黑　米……………	30克
蜜　枣……………	15克
食　盐……………	适量

温馨提示

黑米的米粒外部有一层坚韧的种皮包裹，不易煮烂，故黑米在烹制之前应浸泡。

养生功效

此款汤水具有养血调经、益肝固肾、养阴润燥之功效；特别适宜腰膝酸软、四肢麻木乏力、月经紊乱者饮用。

制作步骤

① 鸡蛋洗净，煮熟后去壳，备用。

② 祈艾洗净，浸泡；黑米洗净，浸泡；红枣去核，洗净；蜜枣洗净。

③ 将适量清水放入煲内，煮沸后加入以上材料，猛火煲滚后改用慢火煲1小时，加盐调味即可。

黑米红枣鸡蛋汤

原料

鸡　　蛋 ……………	2只
黑　　米 ……………	20克
红　　枣 ……………	20克
祈　　艾 ……………	10克
蜜　　枣 ……………	15克
食　　盐 ……………	适量

温馨提示

　　本汤中加入黑米，既有利于保护胃肠黏膜，又有利于药物的吸收。

养生功效

　　此款汤水具有滋阴补血、温经止血、调经养血之功效；特别适宜月经失调者饮用。

阿胶鸡蛋汤

原料

鸡蛋1只，阿胶30克，冰糖适量。

制作步骤

① 煲内注入适量清水煮沸，放入阿胶、冰糖。

② 用中火煮至阿胶、冰糖完全溶化。

③ 打入鸡蛋，将鸡蛋搅成蛋花状，煮10分钟即可。

养生功效

此款汤水具有养血止血、滋阴养颜、养血调经之功效；特别适宜妇女阴血不足、月经不调者饮用。

温馨提示

阿胶不宜直接煎，须单独加水蒸化；新熬制的阿胶不宜食用，以免"上火"。

桑葚黑米鸡蛋汤

原料

鸡蛋2只，桑葚30克，黑米20克，红枣20只，黑枣15只，食盐适量。

制作步骤

① 桑葚浸泡，洗净；黑米浸泡，洗净；红枣去核，洗净；黑枣洗净。

② 鸡蛋原只洗净，与红枣、黑枣、桑葚一同放入煲内，煮至鸡蛋熟透，取出去壳。

③ 鸡蛋去壳后与黑米一同放入煲内，慢火煲2小时，加盐调味即可。

养生功效

此款汤水具有滋阴补血、益肝固肾、养血生发之功效；特别适宜眩晕耳鸣、心悸失眠、须发早白者饮用。

温馨提示

常吃桑葚能显著提高人体免疫力，具有延缓衰老，美容养颜的功效。

核桃肉乌鸡汤

原料

乌鸡500克，核桃肉50克，何首乌30克，红枣30克，食盐适量。

制作步骤

① 何首乌、核桃肉洗净；红枣去核，洗净。

② 乌鸡去毛、内脏、脂肪，洗净，飞水。

③ 将适量清水放入煲内，煮沸后加入以上材料，猛火煲滚后改用慢火煲3小时，加盐调味即可。

养生功效

此款汤水具有补血生发、益肾固肾、健脾养胃之功效；特别适宜头晕眼花、肾虚脱发、夜多小便、须发早白者饮用。

温馨提示

因核桃肉含有较多油脂，所以不宜多食，会影响消化，多食易致腹泻。

双豆芝麻泥鳅汤

原料

泥鳅500克，赤小豆50克，黑豆50克，黑芝麻50克，生姜3片，食盐适量。

制作步骤

① 赤小豆、黑豆、黑芝麻浸泡1小时，洗净；生姜洗净，切片。

② 泥鳅洗净体表黏液，飞水；烧锅下油、姜片，将泥鳅煎至金黄色。

③ 将适量清水放入煲内，煮沸后加入以上材料，猛火煲滚后改用慢火煲3小时，加盐调味即可。

养生功效

此款汤水具有滋阴补血、乌发生发、润肠通便、润泽肌肤之功效；特别适宜血虚体弱、面色黄暗、须发早白者饮用。

温馨提示

泥鳅所含脂肪成分较低，胆固醇更少，属高蛋白、低脂肪食品，且含一种类似二十碳戊烯酸的不饱和脂肪酸，有利于抗血管衰老。

桑寄生首乌鸡蛋汤

原料

鸡 蛋	3只
桑寄生	30克
何首乌	30克
蜜 枣	15克
食 盐	适量

温馨提示

何首乌忌与猪血、羊血、无鳞鱼、葱、蒜、萝卜一起食用。

养生功效

此款汤水具有滋阴养血、乌发养发、益肝固肾之功效；特别适宜腿酸软乏力、头晕眼花、须发早白者饮用。

制作步骤

① 桑寄生、何首乌浸泡，洗净；蜜枣洗净。

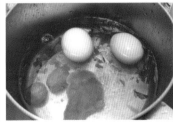

② 鸡蛋原只洗净，与所有材料一同放入煲内，煮至鸡蛋熟透，取出去壳。

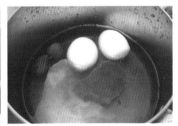

③ 鸡蛋去壳后放入煲内，慢火煲1.5小时，加盐调味即可。

制作步骤

❶田七浸泡，洗净，打碎；黑木耳浸泡，洗净。

❷乌鸡去毛、内脏，洗净，飞水。

❸将适量清水放入煲内，煮沸后加入以上材料，猛火煲滚后改用慢火煲3小时，加盐调味即可。

田七木耳乌鸡汤

原料

乌　鸡	………………	500克
田　七	………………	15克
黑木耳	………………	15克
食　盐	………………	适量

温馨提示

　　田七以体重、质坚、表面光滑、断面灰绿色或黄绿色者为佳。

养生功效

　　此款汤水具有滋补强身、止血止痛、活血行淤之功效；特别适宜作为妇女剖宫产后、人流术后的调养汤品。

响螺淮杞鸡汤

原料

光鸡750克，猪瘦肉150克，响螺肉150克，淮山50克，枸杞子20克，桂圆肉20克，生姜2片，食盐适量。

制作步骤

① 光鸡洗净备用。

② 响螺肉洗净，飞水；猪瘦肉洗净，飞水；淮山、枸杞子、桂圆肉洗净。

③ 将适量清水放入煲内，煮沸后加入以上材料，猛火煲滚后改用慢火煲2小时，加盐调味即可。

养生功效

此款汤水味道鲜甜，具有滋阴润燥、健脾养胃、安定睡眠之功效；特别适宜体质虚弱、腰膝酸软、食欲缺乏者饮用。

温馨提示

淮山富含黏蛋白、淀粉酶、皂苷、游离氨基酸的多酚氧化酶等物质，为病后康复食补之佳品。

牛膝鸡脚汤

原料

鸡脚450克，桑寄生15克，牛膝15克，蜜枣15克，食盐适量。

制作步骤

① 桑寄生、牛膝洗净。

② 鸡脚洗净，放入沸水中煮5分钟，捞起备用。

③ 将适量清水注入煲内煮沸，放入全部材料再次煮开后改慢火煲2小时，加盐调味即可。

养生功效

此款汤水具有强筋健骨、祛风祛湿、通络利湿、舒筋活络、平补肝肾之功效；适宜腰膝酸痛、筋骨无力、风湿痹痛者饮用。

温馨提示

牛膝具有活血祛瘀、强筋骨、引血下行、利尿之功效。以根长、肉肥、皮细、黄白色者为佳。

豨莶草脊骨汤

原料

猪脊骨500克，豨莶草30克，蜜枣20克，食盐适量。

制作步骤

1. 猪脊骨斩件，洗净，飞水。
2. 豨莶草、蜜枣洗净。
3. 将适量清水注入煲内煮沸，放入全部材料再次煮开后改慢火煲2小时，加盐调味即可。

养生功效

此款汤水具有强筋壮骨、祛风祛湿、镇静安神之功效；适宜急慢性风湿关节炎、关节疼痛者饮用。

温馨提示

豨莶草药性平和，具有祛风除湿、通经活络、清热解毒之功效。以枝嫩、叶多、色深绿者为佳。

核桃杜仲猪腰汤

原料

猪腰2只，猪脊骨250克，核桃肉60克，杜仲30克，蜜枣15克，食盐适量。

制作步骤

1. 杜仲浸泡，洗净；核桃肉、蜜枣洗净。
2. 猪脊骨洗净，斩件，飞水；猪腰对半切开，洗净，飞水。
3. 将适量清水放入煲内，煮沸后加入以上材料，猛火煲滚后改用慢火煲3小时，加盐调味即可。

养生功效

此款汤水具有滋补强肾、涩精止遗、补肾固肾之功效；特别适宜下肢无力、腰膝酸冷、遗精滑泄、阳痿早泄者饮用。

温馨提示

猪腰即猪肾，补肾固肾，以脏补脏；猪腰清洗时要剔除白色筋膜，这样可以去除异味。

淮杞红枣猪蹄汤

原料

猪　　蹄……………………500克
淮　　山……………………50克
枸杞子……………………30克
红　　枣……………………20克
食　　盐……………………适量

温馨提示

　　此汤可加入瘦肉一起煲制，这样不但可以让此汤营养更加丰富，亦可增加汤的鲜味。

养生功效

　　此款汤水具有强筋壮骨、健脾养血、益肾填精之功效；特别适宜酸软乏力、肢体痹痛、气血不足者饮用。

制作步骤

① 淮山、枸杞子浸泡，洗净；红枣去核，洗净。

② 猪蹄洗净，斩件，飞水。

③ 将适量清水放入煲内，煮沸后加入以上材料，猛火煲滚后改用慢火煲3小时，加盐调味即可。

牛大力脊骨汤

原料

猪脊骨·················750克
牛大力·················50克
蜜　枣·················20克
食　盐·················适量

温馨提示

牛大力味苦，归肺、肾经，是广东常用的中草药，具有补虚润肺、强筋活络之功效，善治肺热、肺虚咳嗽、风湿性关节炎、腰肌劳损等症。

养生功效

此款汤水具有滋补强身、强筋壮骨、舒筋活络、驱风祛湿之功效；特别适宜腰背酸痛、腰肌劳损、风湿痹痛者饮用。

制作步骤

❶ 牛大力浸泡，洗净；蜜枣洗净。

❷ 猪脊骨洗净，斩件，飞水。

❸ 将适量清水放入煲内，煮沸后加入以上材料，猛火煲滚后改用慢火煲3小时，加盐调味即可。

制作步骤

① 熟地黄、何首乌浸泡，洗净；松子仁洗净。

② 猪蹄洗净，斩件，飞水。

③ 将适量清水放入煲内，煮沸后加入以上材料，猛火煲滚后改用慢火煲3小时，加盐调味即可。

熟地首乌猪蹄汤

原料

猪　　蹄	750克
熟地黄	30克
何首乌	20克
松子仁	20克
生　　姜	3片
食　　盐	适量

温馨提示

中医认为猪蹄性平，味甘咸，是一种类似熊掌的美味菜肴及治病"良药"。

养生功效

此款汤水具有补血强筋、健体强魄、润肠通便之功效；特别适宜腰脚软弱无力、年老体弱者、便秘者饮用。

制作步骤

① 白背叶根浸泡1小时，洗净。

② 猪脊骨洗净，斩成块状，飞水。

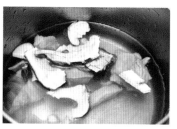

③ 将适量清水放入煲内，煮沸后加入以上材料，猛火煲滚后改用慢火煲2小时，加盐调味即可。

白背叶根猪骨汤

原料

猪脊骨··················500克
白背叶根·············100克
食　盐················适量

温馨提示

白背叶根性平，味甘、微苦，具有清热、利湿、固脱、清瘀的功效。中医各家都认为它能治肠炎、肝炎、脾肿、赤眼、脱肛、疝气、淋浊、白带、喉蛾等。

养生功效

此款汤水具有补阴益髓、活血祛瘀、舒肝利湿之功效；特别适宜腰骨闪伤、产后风瘫者饮用。

肉苁蓉红枣乳鸽汤

原料

乳鸽1只，肉苁蓉20克，红枣20克，生姜2片，食盐适量。

制作步骤

① 肉苁蓉洗净；红枣洗净，去核。

② 乳鸽去除内脏，洗净，飞水。

③ 将适量清水放入煲内，煮沸后加入以上材料，猛火煲滚后改用慢火煲2小时，加盐调味即可。

养生功效

此款汤水具有补肾助阳、益精养血、润肠通便之功效；特别适宜肾阳虚衰、精血亏损、腰膝冷痛者饮用。

温馨提示

肉苁蓉有淡苁蓉和咸苁蓉两种，淡苁蓉以个大身肥、鳞细、颜色灰褐色至黑褐色、油性大、茎肉质而软者为佳；咸苁蓉以色黑质糯、细鳞粗条、体扁圆形者为佳。

蛤蚧瘦肉汤

原料

猪瘦肉500克，蛤蚧1对，虫草花、蜜枣各15克，食盐适量。

制作步骤

① 猪瘦肉洗净，切成小块，放入沸水锅中焯烫一下，捞出沥干。

② 蛤蚧除去竹片，去头、足，刮去鳞片，切成小块，放入清水中浸泡片刻；虫草花、蜜枣洗净。

③ 将适量清水放入煲内，煮沸后加入以上材料，猛火煲滚后再改用慢火煲3小时，加入食盐调味，即可出锅装碗。

养生功效

此款汤水具有固肾益精、健脾温肺、定喘止咳之功效；特别适宜肺虚肾虚、咳喘气促、神疲汗多者饮用。

温馨提示

蛤蚧入药多雌雄同用，蛤蚧头有小毒，煲汤时宜去掉；本汤温补，外感、肺热、肺燥咳喘者不宜过多饮用。

虫草花鹌鹑汤

原料

鹌鹑2只，南北杏仁20克，虫草花20克，蜜枣15克，食盐适量。

制作步骤

① 虫草花用清水浸泡，洗净、沥水；南北杏仁洗净，蜜枣洗净。

② 鹌鹑宰杀，去毛、除内脏，用清水洗净，飞水。

③ 将以上材料放入炖盅内，注入适量冷开水，隔水炖4小时，加盐调味即可。

养生功效

此款汤水具有温肺固肾、滋养补虚、止咳平喘之功效；特别适宜由于肺肾不足引起的咳嗽、气促者饮用。

温馨提示

杏仁有小毒，煲汤前多用温水浸泡，除去皮、尖，以减少毒性，且不宜食用过量。

桂圆当归猪腰汤

原料

猪腰500克，桂圆肉30克，当归20克，红枣15只，食盐适量。

制作步骤

① 猪腰洗净，切成片状，飞水。

② 当归、桂圆肉浸泡，洗净；红枣去核，洗净。

② 将适量清水放入煲内，煮沸后加入以上材料，猛火煲滚后改用慢火煲2小时，加盐调味即可。

养生功效

此款汤水具有补肾益精、强腰益气、强壮身体之功效；特别适宜腰酸腰痛、遗精、盗汗者饮用。

温馨提示

猪腰即猪肾，含有蛋白质、脂肪、碳水化合物、钙、磷、铁和维生素等，有健肾补腰、和肾理气之功效。

黄豆排骨汤

原料

猪排骨·················500克
黄　豆·················200克
食　盐················· 适量

温馨提示

黄豆具有健脾宽中、润燥消水、清热解毒、益气的功效；食用黄豆，宜高温煮烂，且不宜食用过多，以防影响消化而致腹胀。

养生功效

此款汤水具有强筋壮骨、祛湿消水、健脾宽中、清热解毒之功效；适宜湿热痰滞、气血不足、阴虚纳差者饮用。

制作步骤

❶ 猪排骨洗净，斩件。

❷ 黄豆提前30分钟浸泡，洗净。

❸ 将适量清水注入煲内煮沸，放入全部材料再次煮开后改慢火煲2小时，加盐调味即可。

制作步骤

❶ 花生、眉豆、芡实浸泡1小时，洗净；红枣去核，洗净；陈皮浸软，洗净。

❷ 猪蹄洗净，切块，飞水；鸡脚洗净，飞水。

❸ 将适量清水放入煲内，煮沸后加入以上材料，猛火煲滚后改用慢火煲3小时，加盐调味即可。

花生鸡脚猪蹄汤

原料

猪　　蹄	500克
鸡　　脚	250克
花　　生	100克
眉　　豆	50克
芡　　实	30克
红　　枣	20克
陈　　皮	1小块
食　　盐	适量

温馨提示

鸡脚也称鸡掌、凤爪、凤足，多皮、筋，胶质大，常用于煮汤，也宜于卤、酱。

养生功效

此款汤水具有补虚弱、填肾精、健腰膝之功效；特别适宜年老体弱、腰脚软弱无力者饮用。

节瓜花生猪腱汤

原料

猪腱肉500克，节瓜300克，花生100克，蜜枣20克，食盐适量。

制作步骤

① 猪腱肉洗净，切块，飞水。

② 节瓜去皮，洗净切件；花生浸泡1小时，洗净。

③ 将适量清水放入煲内，煮沸后加入以上材料，猛火煲滚后改用慢火煲2小时，加盐调味即可。

养生功效

此款汤水具有固腰补肾、消除疲劳、醒神补脑、醒脾和胃之功效；特别适宜营养不良、体质虚弱者饮用。

温馨提示

花生以炖吃为最佳，这样既避免了招牌营养素的破坏，又具有不温不火、口感潮润、入口好烂、易于消化的特点，老少皆宜。

海参炖瘦肉

原料

瘦肉250克，海参250克，红枣20克，食盐适量。

制作步骤

① 红枣去核，洗净。

② 海参洗净，切丝；瘦肉洗净，切片。

③ 将全部用料放入炖盅内，加适量开水，隔水炖3小时，加盐调味即可。

养生功效

此款汤水具有滋阴补肾、壮阳益精、养心润燥之功效；特别适宜精力不足、阳痿遗精者饮用。

温馨提示

涨发好的海参应反复冲洗，以除去残留化学成分。

蛤蚧鹌鹑汤

原料

鹌鹑2只，蛤蚧1对，生姜2片，食盐适量。

制作步骤

① 蛤蚧除去竹片，去头、足，刮去鳞片，切成小块，浸泡。

② 鹌鹑去毛、内脏，洗净，飞水。

③ 将适量清水放入煲内，煮沸后加入全部材料，猛火煲滚后改用慢火煲3小时，加盐调味即可。

养生功效

此款汤水具有温肾助阳、益肺定喘之功效；特别适宜腰酸脚软、肾虚阳痿、记忆力衰退者饮用。

温馨提示

蛤蚧以体大、肥壮、尾全、不破碎者为佳。

核桃淮山瘦肉汤

原料

猪瘦肉500克，核桃肉60克，淮山50克，芡实30克，生姜2片，食盐适量。

制作步骤

① 猪瘦肉洗净，切片，飞水。

② 淮山、芡实提前1小时浸泡，洗净；核桃肉洗净。

③ 将适量清水放入煲内，煮沸后加入以上材料，猛火煲滚后改用慢火煲2小时，加盐调味即可。

养生功效

此款汤水具有滋肾固精、补气养血、健脾养胃之功效；特别适宜腰膝痹痛、体倦无力、遗精者饮用。

温馨提示

核桃仁含有较多的蛋白质及人体营养必需的不饱和脂肪酸，这些成分皆为大脑组织细胞代谢的重要物质，能滋养脑细胞，增强脑功能。

花生眉豆鸡脚汤

原料

鸡　　脚·············500克
花　　生·············100克
眉　　豆·············100克
蜜　　枣··············20克
食　　盐·············适量

温馨提示

花生用于煲汤，不需要去皮，因为花生衣具有很多好处。花生衣的止血作用比花生高出50倍，对多种血液性疾病都有良好的止血功效。

养生功效

此款汤水具有强筋壮骨、利湿渗透、利水消肿、健脾醒胃之功效；特别适宜脾胃虚湿、头身困重、腰脚软弱无力者饮用。

制作步骤

① 鸡脚洗净，飞水，备用。

② 眉豆、花生浸泡1小时，洗净；蜜枣洗净。

③ 将适量清水放入煲内，煮沸后加入以上材料，猛火煲滚后改用慢火煲2小时，加盐调味即可。

巴戟天杜仲猪蹄汤

原料

猪　蹄……………750克
花　生……………100克
巴戟天……………30克
杜　仲……………30克
蜜　枣……………15克
食　盐……………适量

温馨提示

在制作前，要检查好所购猪蹄是否有局部溃烂现象，以防口蹄疫传播给食用者。

养生功效

此款汤水具有补肝益肾、强筋壮骨、养血利腰之功效；特别适宜由于肝肾不足引起的腰膝酸软、麻痹疼痛、萎软无力者饮用。

制作步骤

① 花生、巴戟天、杜仲浸泡，洗净；蜜枣洗净。

② 猪蹄刮洗干净，剁成小块，放入清水锅中烧沸，焯烫一下，捞出沥水。

③ 锅中加入适量清水烧沸，放入以上材料，猛火煲滚后，转慢火煲3小时，加入食盐调味，装碗即可。

制作步骤

① 冬菇浸泡2小时，洗净去蒂；马蹄去皮，洗净。

② 鸡脚清洗干净，飞水。

③ 将适量清水放入煲内，煮沸后加入以上材料，猛火煲滚后改用慢火煲2小时，加盐调味即可。

马蹄冬菇鸡脚汤

原料

鸡　　脚·············450克
马　　蹄·············100克
冬　　菇·············　60克
食　　盐·············　适量

温馨提示

马蹄味甘，性寒；具有清肺热作用，又富含黏液质，有生津润肺、化痰利肠、通淋利尿、消痈解毒、凉血化湿、消食除胀的功效。

养生功效

此款汤水润而不燥，具有强壮筋骨、生津润肺、清润开胃、凉血化湿、消食行滞之功效；特别适宜筋骨酸痛、外感风热、热病消渴、咽喉肿痛、小便赤热短少者饮用。

制作步骤

① 光鸡洗净，斩件。

② 丹参浸泡2小时，洗净；田七洗净，切片；西洋参洗净。

③ 将适量清水放入煲内，煮沸后加入以上材料，猛火煲滚后改用慢火煲3小时，加盐调味即可。

丹田清鸡汤

原料

光　　鸡	……………	500克
丹　　参	……………	20克
西洋参	……………	20克
田　　七	……………	15克
食　　盐	……………	适量

养生功效

此款汤水具有壮骨健腰、舒筋活络、驱风祛湿之功效；特别适宜关节伸展不利、腰背疼痛、风湿热痹、筋脉拘挛者饮用。

温馨提示

在众多参中，只有西洋参性凉，所以最适合"热气"——也就是夏季食用，同时亦较适合烦躁、年青、烟酒过多的人。西洋参最好在空腹时服用，因为此时胃部的吸收力较好，更容易显现效果。

冬瓜薏米猪腰汤

原料

猪腰500克，冬瓜250克，薏米50克，淮山30克，黄芪20克，香菇15克，食盐适量。

制作步骤

❶ 猪腰洗净，切片，飞水。

❷ 冬瓜削皮去核，切成块状；香菇浸泡，洗净去蒂；薏米、淮山、黄芪浸泡，洗净。

❸ 将适量清水放入煲内，煮沸后加入以上材料，猛火煲滚后改用慢火煲2小时，加盐调味即可。

养生功效

此款汤水具有强腰健体、补肾益气、健脾养胃之功效；特别适宜腰酸腰痛、遗精盗汗、肾虚耳聋者饮用。

温馨提示

猪腰切片后，为去臊味，可用葱姜汁泡约2小时，换两次清水，泡至腰片发白膨胀即可。

桑寄生瘦肉汤

原料

猪瘦肉500克，桑寄生20克，蚝干30克，食盐适量。

制作步骤

❶ 猪瘦肉洗净，切块，飞水。

❷ 蚝干浸泡，洗净；桑寄生洗净，浸泡。

❸ 将适量清水放入煲内，煮沸后加入以上材料，猛火煲滚后改用慢火煲2小时，加盐调味即可。

养生功效

此款汤水具有补肝益肾、强筋壮骨、祛风渗湿之功效；特别适宜肝肾阴虚、腰膝酸痛、血虚失养者饮用。

温馨提示

桑寄生味苦、甘，性平，归肝、肾经；有补肝肾、强筋骨的功效。桑寄生以细嫩、红褐色、叶多者为佳。

黑豆红枣鲤鱼汤

原料

鲤鱼500克，黑豆100克，红枣20克，陈皮1小块，食盐适量。

制作步骤

① 黑豆提前2小时浸泡，洗净；红枣去核，洗净；陈皮浸软，洗净。

② 鲤鱼去鳃、内脏，洗净；烧锅下油、生姜，将鲤鱼煎至金黄色。

③ 将适量清水放入煲内，煮沸后加入以上材料，猛火煲滚后改用慢火煲2小时，加盐调味即可。

养生功效

此款汤水具有温肾健脾、补中益气、消除水肿、延年益寿之功效；特别适宜水肿胀满、产后风痉、黄疸水肿者饮用。

温馨提示

鲤鱼身体两侧皮下各有一条类似白线的筋，除去后可减少腥味。

杜仲猪腰汤

原料

猪腰450克，杜仲20克，酒少许，食盐适量。

制作步骤

① 猪腰剖开，洗净，切成小块，飞水。

② 杜仲浸泡，洗净。

③ 将全部用料放入炖盅内，加适量开水，隔水炖3小时，加盐调味即可。

养生功效

此款汤水具有补肾壮阳、强筋壮骨、促腰膝之功效；特别适宜腰酸腿疼、阳痿遗精、性欲减退者饮用。

温馨提示

猪腰会有腥味，在烧猪腰时加入适量的黄酒可以消除，如果猪腰非常腥，再少放一些醋，就可以全部清除猪腰的腥味了。

宽筋藤猪尾汤

原料

猪　　尾……………500克
宽筋藤……………30克
蜜　　枣……………20克
食　　盐……………适量

温馨提示

　　猪尾连尾椎骨一道熬汤，具有补阴益髓的效果，可改善腰酸背痛，预防骨质疏松；在青少年发育过程中，可促进骨骼生长，中老年人食用，则可延缓骨质老化、早衰。

养生功效

　　此款汤水具有驱风祛湿、舒筋活络、壮骨健腰之功效；适宜关节伸展不利、腰背疼痛、风湿热痹、筋脉拘挛者饮用。

制作步骤

❶ 猪尾洗净斩件，飞水待用。

❷ 宽筋藤、蜜枣洗净。

❸ 将适量清水注入煲内煮沸，放入全部材料再次煮开后改慢火煲3小时，加盐调味即可。

制作步骤

① 莲藕去皮, 洗净, 切成块状; 红枣去核, 洗净。

② 猪蹄洗净, 斩件, 飞水。

③ 将适量清水放入煲内, 煮沸后加入以上材料, 猛火煲滚后改用慢火煲3小时, 加盐调味即可。

莲藕红枣猪蹄汤

原料

猪 蹄	750克
莲 藕	500克
红 枣	20克
食 盐	适量

温馨提示

没切过的莲藕可在室温中放置1周的时间, 但因莲藕容易变黑, 切面孔的部分容易腐烂, 所以切过的莲藕要在切口处覆以保鲜膜, 冷藏保鲜1周左右。

养生功效

此款汤水具有健腰强膝、补血益气、滋阴养胃、益血生肌之功效; 特别适宜老幼妇孺、体弱多病、食欲缺乏者饮用。

薏米香附子脊骨汤

原料

猪脊骨500克，薏米50克，香附子20克，食盐适量。

制作步骤

❶ 薏米提前浸泡3小时，洗净；香附子洗净。

❷ 猪脊骨洗净，斩件，飞水。

❸ 将适量清水放入煲内，煮沸后加入以上材料，猛火煲滚后改用慢火煲2小时，加盐调味即可。

养生功效

此款汤水具有养肝益肾、利湿除痹、理气解郁之功效；特别适宜筋脉拘挛、屈伸不利者饮用。

温馨提示

薏仁较难煮熟，在煮之前需以温水浸泡3小时，让它充分吸收水分。

栗子百合生鱼汤

原料

生鱼500克，猪瘦肉250克，栗子100克，百合50克，芡实25克，陈皮1小块，食盐适量。

制作步骤

❶ 栗子肉去衣，洗净；百合、芡实、陈皮浸泡，洗净。

❷ 生鱼拍死，去鳞、内脏，洗净；瘦肉洗净，切块。

❸ 将适量清水放入煲内，煮沸后加入以上材料，猛火煲滚后改用慢火煲2小时，加盐调味即可。

养生功效

此款汤水具有滋润养身、补肾益精之功效；特别适宜身体虚弱、脾胃气虚、营养不良者饮用。

温馨提示

栗子较难消化，一次切忌食之过多，否则会引起胃脘饱胀。

干贝瘦肉汤

原料

瘦肉450克，干贝50克，食盐适量。

制作步骤

1. 瘦肉洗净，切块，飞水。
2. 干贝浸软，洗净。
3. 将适量清水放入煲内，煮沸后加入以上材料，猛火煲滚后改用慢火煲1～2小时，加盐调味即可。

养生功效

此款汤水具有滋阴补肾、调中下气之功效；特别适宜肾阴虚弱、神经衰弱、失眠多梦者饮用。

温馨提示

干贝含丰富的谷氨酸钠，味道极鲜，与新鲜扇贝相比，腥味大减。

韭菜虾仁汤

原料

鲜虾250克，韭菜200克，生姜2片，食盐适量。

制作步骤

1. 韭菜去黄叶，洗净，切段。
2. 鲜虾去头、壳，洗净。
3. 煲内注入适量清水煮沸，放入韭菜、生姜，滚熟后放入虾仁煲20分钟，加盐调味即可。

养生功效

此款汤水具有补肾助阳、温肾壮阳之功效；特别适宜腰膝酸冷、阳痿早泄、夜尿频多者饮用。

温馨提示

由于韭菜及虾仁均为发物，皮肤湿疹、疮疖、过敏体质、阴虚欠旺者不适宜饮用。

花胶冬菇鸡脚汤

原料

鸡　脚·············500克
花　胶·············150克
冬　菇············· 20克
生　姜············· 2片
食　盐············· 适量

温馨提示

　　花胶宜用冷水浸发，一般不用热水浸发，以免破坏营养成分。

养生功效

　　此款汤水具有强筋健骨、滋阴补气、祛风湿、增加蛋白质之功效；特别适宜体弱多病、滑精遗精、腰膝酸痛者饮用。

制作步骤

❶把鸡脚去掉黄皮，斩去趾甲，用清水洗净，放入沸水锅内焯烫一下，捞出换清水洗净。

❷将花胶用温水浸泡至发胀，再换清水洗净，切成小块；冬菇用温水浸泡至软，去蒂，洗净后沥水。

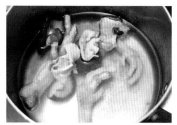

❸将适量清水放入锅内煮沸，加入鸡脚、花胶、冬菇和姜片，猛火煲滚后改用慢火煮2小时至熟烂，加入食盐调味，出锅装碗即可。

黄豆排骨鸡脚汤

原料

鸡　　脚··············500克
排　　骨··············250克
黄　　豆···············50克
红　　枣···············20克
生　　姜···············2片
食　　盐···············适量

温馨提示

黄豆宜高温煮烂食用，不宜食用过多，以防消化不良而致腹胀。

养生功效

此款汤水具有舒筋活络、强筋健骨、祛风理湿之功效；特别适宜关节伸展不利、腰背疼痛者饮用。

制作步骤

① 鸡脚切去趾甲，洗净，飞水；排骨洗净，斩件，飞水。

② 黄豆提前3小时浸泡，洗净；红枣洗净。

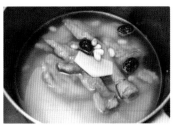

③ 将适量清水放入煲内，煮沸后加入以上材料，猛火煲滚后改用慢火煲2小时，加盐调味即可。

制作步骤

① 鸡血藤浸泡，洗净；红枣去核，洗净；生姜切片。

② 猪蹄净毛，洗净斩件，飞水。

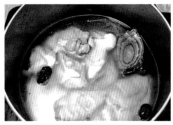

③ 将适量清水放入煲内，煮沸后加入以上材料，猛火煲滚后改用慢火煲3小时，加盐调味即可。

鸡血藤猪蹄汤

原料

猪 蹄··············	750克
鸡血藤··············	50克
红 枣··············	20克
生 姜··············	2片
食 盐··············	适量

温馨提示

红枣补益养血，煲汤时去核可以减少燥性；本汤偏温，湿热痹痛者不宜多饮。

养生功效

此款汤水具有祛风通络、补血活血、强筋壮骨之功效；特别适宜腰膝酸软、关节疼痛、肢体麻痹者饮用。

制作步骤

① 杜仲、巴戟天浸泡，洗净；蜜枣洗净。

② 猪尾洗净，斩件，飞水。

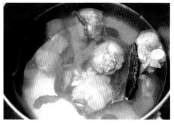

③ 将适量清水放入煲内，煮沸后加入以上材料，猛火煲滚后改用慢火煲3小时，加盐调味即可。

杜仲巴戟猪尾汤

原料

猪　　尾	500克
杜　　仲	30克
巴戟天	30克
蜜　　枣	15克
食　　盐	适量

温馨提示

猪尾连尾椎骨一道熬汤，具有补阴益髓的效果，可改善腰酸背痛，预防骨质疏松。

养生功效

此款汤水具有益精壮阳、壮腰固肾、强筋健骨之功效；特别适宜腰酸腿软、腰膝冷痛、阳痿尿多者饮用。

桑葚猪腰汤

原料

猪腰450克，瘦肉250克，桑葚50克，蜜枣15克，生姜2片，食盐适量。

制作步骤

① 桑葚浸泡，洗净；蜜枣洗净；生姜洗净，切片。

② 猪腰切开，剔除白色肋膜，洗净，飞水；瘦肉洗净，切块，飞水。

③ 将适量清水放入煲内，煮沸后加入以上材料，猛火煲滚后改用慢火煲2小时，加盐调味即可。

养生功效

此款汤水具有益肝补肾、滋养补益、润泽肌肤之功效；特别适宜虚烦梦多、头晕耳鸣、头发早白者饮用。

温馨提示

桑葚含有丰富的活性蛋白、维生素、氨基酸、胡萝卜素、矿物质等成分，具有滋补润肤之功效。

莲子淮山老鸽汤

原料

老鸽1只，猪排骨250克，莲子50克，淮山30克，桂圆肉20克，食盐适量。

制作步骤

① 老鸽宰杀好，去毛、内脏，洗净，飞水；猪排骨洗净，斩件，飞水。

② 莲子、淮山、桂圆肉浸泡，洗净。

③ 将适量清水放入煲内，煮沸后加入以上材料，猛火煲滚后改用慢火煲3小时，加盐调味即可。

养生功效

此款汤水具滋肾益气、降血压、益精血、暖腰膝之功效；特别适宜肾虚体弱、四肢酸软者饮用。

温馨提示

莲子浸泡以后，应将莲子心去掉，以免影响此汤整体的味道。

莲子芡实瘦肉汤

原料

猪瘦肉500克，莲子80克，芡实50克，食盐适量。

制作步骤

1. 猪瘦肉洗净，切块，飞水。
2. 莲子、芡实提前浸泡，洗净。
3. 将适量清水放入煲内，煮沸后加入以上材料，猛火煲滚后改用慢火煲2小时，加盐调味即可。

养生功效

此款汤水具有益肾涩精、补脾止泻之功效；特别适宜脾虚久泻、遗精带下、心悸失眠者饮用。

温馨提示

莲子心味道极苦，却有显著的强心作用，能扩张外周血管，降低血压；莲子心还有很好的祛心火的功效。

双参蜜枣瘦肉汤

原料

猪瘦肉500克，元参20克，丹参20克，蜜枣15克，食盐适量。

制作步骤

1. 猪瘦肉洗净，切厚块。
2. 元参、丹参、蜜枣洗净。
3. 将适量清水放入煲内，煮沸后加入以上材料，猛火煲滚后改用慢火煲2小时，加盐调味即可。

养生功效

此款汤水具有壮阳益精、养心润燥、舒肝益气之功效；特别适宜腰膝酸冷、夜尿频多者饮用。

温馨提示

元参不宜与藜芦、黄芪、干姜、大枣、山茱萸同用。

Part 2

四季健康老火汤

太子参淮山鲈鱼汤 春

原料

鲈　鱼	600克
太子参	20克
淮　山	30克
蜜　枣	15克
生　姜	2片
食　盐	适量

温馨提示

鲈鱼富含蛋白质、维生素A、B族维生素、钙、镁、锌、硒等营养元素；具有补肝肾、益脾胃、化痰止咳之功效，对肝肾不足的人有很好的补益作用。

养生功效

此款汤水具有益气、健脾开胃、补气生津、降火清热之功效；特别适宜脾虚食少、倦怠乏力、心悸自汗、肺虚咳嗽、津亏口渴、胃口欠佳者饮用。

制作步骤

❶ 蜜枣洗净；淮山、太子参洗净，浸泡1小时。

❷ 鲈鱼清洗干净，烧锅下油、姜片，将鲈鱼煎至金黄色。

❸ 将适量清水放入煲内，煮沸后加入以上材料，猛火煲滚后改用慢火煲2小时，加盐调味即可。

制作步骤

❶ 猪骨洗净斩件，飞水备用；姜略拍，洗净待用。

❷ 五指毛桃、冬菇、蜜枣洗净；老姜去皮，洗净切片。

❸ 将适量清水注入煲内煮沸，放入全部材料再次煮开后改慢火煲2小时，加盐调味即可。

五指毛桃 **猪骨汤** 春

原料

猪 骨	600克
五指毛桃	150克
冬 菇	30克
蜜 枣	20克
生 姜	2片
食 盐	适量

温馨提示

五指毛桃在烹制前先用清水洗净，用冷水再浸20分钟，再次清洗干净；用五指毛桃煲汤宜浓宜淡，不论春夏秋冬、男女老少皆可食用，其独特风味深受人们喜爱。

养生功效

此款汤水具有祛风除湿、健脾化湿、行气化痰、舒筋活络之功效；适宜风湿性关节炎、腰腿疼痛、脾虚水肿、肺结核咳嗽、慢性支气管炎、病后盗汗者饮用。

制作步骤

① 将鲮鱼常规处理后清洗干净，抹干水。烧锅下油、姜片，将鲮鱼两面煎至金黄色。

② 赤小豆浸泡1小时，洗净；粉葛去皮，洗净，切成大块。

③ 将适量清水放入煲内，煮沸后加入以上材料，猛火煲滚后改用慢火煲3小时，加盐调味即可。

粉葛赤小豆鲮鱼汤

原料

鲮　鱼	500克
粉　葛	300克
赤小豆	60克
生　姜	2片
食　盐	适量

养生功效

此款汤水具有清热解毒、泻火利湿、解肌退热、生津止渴之功效；特别适宜筋骨肌肉湿热疼痛、口苦尿黄、腰膝酸楚者饮用。

粉葛又叫葛根，主要含碳水化合物、植物蛋白、多种维生素和矿物质，此外还含有黄酮类物质：大豆素、大豆苷、还有大豆素-4，7-二葡萄糖苷、葛根素、葛根素-7-木糖苷、葛根醇、葛根藤及异黄酮苷等。

木瓜瘦肉汤 春

瘦肉450克，木瓜300克，薏米10克，玉竹15克，淮山15克，食盐适量。

制作步骤

① 瘦肉洗净，切块，飞水。
② 木瓜去皮，去核，洗净，切块；薏米、玉竹、淮山洗净，浸泡1小时。
③ 将适量清水放入煲内，煮沸后加入以上材料，猛火煲滚后改用慢火煲1.5小时，加盐调味即可。

养生功效

此款汤水具有健脾利水、去湿除痹、祛暑滋润、清利湿热、润肠通便之功效；特别适宜湿疹、屈伸不利、水肿、脚气者饮用。

温馨提示

用于煲汤的木瓜多用产于南方的番木瓜，这种木瓜既可以生吃，也可作为蔬菜和肉类一起煲汤。

白菜瘦肉汤 春

原 料

白菜800克，猪瘦肉400克，蜜枣30克，食盐适量。

制作步骤

① 白菜、蜜枣洗净。
② 猪瘦肉洗净，切成片状。
③ 将适量清水放入煲内，煮沸后加入以上材料，猛火煲滚后改用慢火煲1.5小时，加盐调味即可。

养生功效

此款汤水甘甜滋润，具有清热泻火、润肺止咳之功效；特别适宜热气兼有感冒、喉痛、咳嗽者饮用。

温馨提示

白菜在腐烂的过程中会产生毒素，可使人体缺氧，严重者甚至有生命危险，所以腐烂的白菜一定不能食用。

冬瓜草鱼汤 春

原料

草鱼300克，冬瓜250克，生姜2片，食盐适量。

制作步骤

1. 冬瓜去皮、去瓤，洗净，切成小块。
2. 草鱼洗涤整理干净，沥去水分；锅置火上，加入植物油烧热，先下入姜片略煎，再放入草鱼煎至金黄色。
3. 将适量清水放入煲内，煮沸后加以材料，猛火煲滚后改用慢火煲2小时，加盐调味即可。

养生功效

此款汤水具有暖胃和中、平肝熄风、利尿消痰、益眼明目之功效；尤其适宜虚劳、风虚头痛、肝阳上亢、高血压、头痛者饮用。

温馨提示

草鱼一定要选择新鲜之品，这样才能保证煲出来的汤水清甜可口；草鱼不宜切太小块，以免把鱼肉煮散。

丝瓜鱼头汤 春

原料

大鱼头350克，豆腐100克，丝瓜300克，草菇50克，生姜2片，食盐适量。

制作步骤

1. 鱼头去鳃，洗净，烧锅下油、姜片，将鱼头煎至金黄色。
2. 丝瓜刨去棱边，洗净切块；豆腐、草菇洗净。
3. 煮沸适量清水，放入鱼头煮30分钟后，加入豆腐、丝瓜、草菇滚20分钟，加盐调味即可。

养生功效

此款汤水具有清热消暑、除烦止渴、化痰止咳之功效；特别适宜暑天肺热、咳喘痰多、口渴口干、胸闷烦热、食欲缺乏者饮用。

温馨提示

豆腐清肺热，消暑热，并能止肺热喘咳；豆腐在投入煲汤之前，可以先将两面煎至金黄色，这样可避免豆腐散烂。

粉葛排骨鲫鱼汤

原料

排 骨	…………	500克
鲫 鱼	…………	400克
粉 葛	…………	300克
蜜 枣	…………	20克
陈 皮	…………	1小块
食 盐	…………	适量

温馨提示

将鲫鱼去鳞剖腹洗净后放入盆中，在鱼身上倒上一些黄酒，就能除去鱼的腥味，并能使鱼味道鲜美。

养生功效

此款汤水具有泻火利湿、清热解毒、生津止渴之功效；特别适宜口苦尿黄、腰膝酸痛者饮用。

制作步骤

① 粉葛去皮，洗净切成大块；陈皮浸软，洗净；蜜枣洗净。

② 鲫鱼洗净，烧锅下油、姜片，将鲫鱼煎至金黄色；排骨斩块，洗净，飞水。

③ 将适量清水放入煲内，煮沸后加入以上材料，猛火煲滚后改用慢火煲2小时，加盐调味即可。

制作步骤

❶ 把猪肚翻转过来，用盐、淀粉搓擦，然后用水冲洗，反复几次。

❷ 马蹄去皮洗净；腐竹、白果、薏米洗净。

❸ 煲内注入适量清水煮沸，放入全部材料，煮沸后改文火煲2小时，加盐调味即可。

腐竹白果猪肚汤

原料

猪　肚	·············	1个
腐　竹	·············	60克
白　果	·············	30克
薏　米	·············	20克
马　蹄	·············	6个
食　盐	·············	适量

养生功效

此款汤水清淡醇香，正气温补，具有健脾开胃、消食除胀、滋阴补肾、祛湿消肿的功效；此汤补而不燥，老少咸宜，特别适宜胃溃疡、虚不受补者饮用。

腐竹也叫枝竹，是干的黄豆制品，其能量配比均匀且营养素密度很高；猪肚含有蛋白质、脂肪、碳水化合物、维生素及钙、磷、铁等，具有补虚损、健脾胃的功效，适用于气血虚损、身体瘦弱者食用。

凉瓜排骨汤 春

原料

排骨600克，凉瓜500克，蒜少许，食盐适量。

制作步骤

① 排骨洗净，斩件，飞水。
② 凉瓜洗净，切大块；蒜去衣。
③ 将适量清水放入煲内，煮沸后加入以上材料，猛火煲滚后改用慢火煲2小时，加盐调味即可。

养生功效

此款汤水具有清热消暑、解毒祛湿、清肠胃热、利水通便之功效；特别适宜牙龈肿痛、牙龈出血者饮用。

温馨提示

煲汤的排骨，最好选择骨头多肉少的肋排或腔骨，用小火熬炖出骨髓的精华，才是使汤汁鲜美又有营养的原因。

胡萝卜生鱼汤 春

原料

生鱼400克，猪蹄肉300克，胡萝卜300克，红枣20克，陈皮1小块，食盐适量。

制作步骤

① 生鱼洗净抹干水，下油稍煎铲起；猪蹄肉洗净，飞水。
② 胡萝卜去皮洗净，切成大块；陈皮浸软，洗净；红枣洗净，去核。
③ 将适量清水注入煲内煮沸，放入全部材料再次煮开后改慢火煲2小时，加盐调味即可。

养生功效

此款汤水清补滋养而不滞，具有祛湿行滞、补脾胃虚弱、助脾胃健运吸收、行水渗湿之功效；适宜消化不良、脾胃不佳者饮用。

温馨提示

猪蹄肉就是猪手以上部位的肉；生鱼肉中含蛋白质、脂肪、18种氨基酸等，还含有人体必需的钙、磷、铁及多种维生素。

胡萝卜鲫鱼汤 春

原料

鲫鱼1条，胡萝卜300克，淮山60克，老姜2片，食盐适量。

制作步骤

① 胡萝卜去皮洗净，切成块状；淮山提前1小时浸泡，洗净。

② 鲫鱼洗净，烧锅下花生油、姜片，将鲫鱼煎至金黄色。

③ 煲内注入适量清水煮沸，加入以上材料煮沸后改慢火煲2小时，加盐调味即可。

养生功效

此款汤水具有开胃消食、益气健脾、润肠通便等功效。此汤特别适宜消化不良、胃口欠佳者饮用，是一道针对胃肠道疾病的食疗靓汤。

温馨提示

鲫鱼有健脾利湿、和中开胃、活血通络、温中下气之功效，对脾胃虚弱、水肿、溃疡、气管炎、哮喘、糖尿病有很好的滋补食疗作用；产后妇女炖食鲫鱼汤，可补虚通乳。

土茯苓煲鸭汤 春

原料

光鸭800克，绿豆150克，土茯苓30克，食盐适量。

制作步骤

① 光鸭洗净，斩成大块。

② 绿豆用清水浸1小时，洗净；土茯苓洗净。

③ 将适量清水放入煲内，煮沸后加入以上材料，猛火煲滚后改用慢火煲2小时，加盐调味即可。

养生功效

此款汤水具清热解毒、利水消肿、消暑除烦、止渴健胃之功效；特别适宜暑热烦渴、湿热泄泻、疮痈肿毒者饮用。

温馨提示

如怕煲出来的汤过于油腻，在烹制之前，可以撕去鸭皮，这样可以去掉鸭皮下的脂肪。

眉豆花生猪尾汤

原料

猪　　尾	700克
眉　　豆	200克
花生仁	100克
红　　枣	15克
陈　　皮	10克
食　　盐	2小匙

养生功效

此款汤水具有健脾开胃、祛湿醒神、和中益气、壮骨益髓等功效。特别适合脾胃不佳、肾虚、腹泻、小便频繁者饮用。

温馨提示

眉豆是豆科植物菜豆的种子，球形或扁圆，比黄豆略大，也有状如腰果的，又名饭豆。分布中国河北、江苏、四川、云南等省，越南亦有出产。眉豆是粤人所习称。

制作步骤

❶ 红枣洗净、去核；陈皮用清水泡软；眉豆、花生仁放入清水中浸泡40分钟，洗净沥干。

❷ 猪尾洗净，剁成小段，再放入沸水锅中焯煮5分钟，捞出冲净。

❸ 锅中加清水，下入猪尾、眉豆、花生仁、红枣、陈皮猛火烧沸，再撇去浮沫，转慢火煲约2.5小时，然后加入食盐调味，即可出锅。

苹果百合瘦肉汤

猪瘦肉⋯⋯⋯⋯⋯⋯500克
苹　果⋯⋯⋯⋯⋯⋯300克
百　合⋯⋯⋯⋯⋯⋯ 50克
蜜　枣⋯⋯⋯⋯⋯⋯ 20克
生　姜⋯⋯⋯⋯⋯⋯　2片
食　盐⋯⋯⋯⋯⋯⋯ 适量

温馨提示

　　缺锌可使记忆力衰退，苹果含有利于儿童生长发育的细纤维及增强记忆力的微量元素锌，故使用苹果煲汤，对健脑益智、增强记忆力有帮助。

 养生功效

　　此款汤水具有健脑益智、安神定志、健胃润肺之功效；适宜失眠心烦、脑部疲劳、记忆力减退者饮用。

制作步骤

❶ 猪瘦肉洗净，切成厚片。

❷ 苹果去皮、核，洗净切块；百合洗净；蜜枣洗净。

❸ 把适量清水煮沸，放入以上所有材料煮沸后改文火煲2小时，加盐调味即可。

制作步骤

  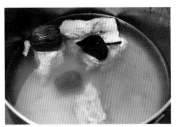

① 蜜枣洗净；生地黄、土茯苓洗净后浸泡2小时。

② 猪脊骨洗净，斩件，飞水。

③ 将适量清水放入煲内，煮沸后加入以上材料，猛火煲滚后改用慢火煲3小时，加盐调味即可。

土茯苓煲脊骨汤

原料

猪脊骨	600克
生地黄	60克
土茯苓	60克
蜜 枣	20克
食 盐	适量

温馨提示

生地黄以块大、体重、断面乌黑色者为佳。《雷公炮炙论》中提到："勿令犯铜器，令人肾消并白髭发，损荣卫也"。

养生功效

此款汤水具有清热凉血、解毒利湿、祛风通络、养阴生津之功效；适宜热毒炽盛、湿热蕴结、痈疮肿毒、湿疹皮炎、皮肤瘙痒者饮用。

制作步骤

① 胡萝卜去皮，洗净，切成块状；腐竹洗净。

② 鲫鱼清洗干净，烧锅下花生油、姜片，将鲫鱼两面煎至金黄色。

③ 把适量清水煮沸，放入所有材料煮沸后改慢火煲1小时，加盐调味即可。

胡萝卜腐竹鲫鱼汤

原料

鲫　鱼	1条
胡萝卜	300克
腐　竹	50克
老　姜	2片
食　盐	适量

温馨提示

　　鲫鱼又名鲋鱼，别称喜头，为鲤科动物，产于全国各地。鲫鱼肉味鲜美，肉质细嫩，营养全面，含蛋白质多，脂肪少，食之鲜而不腻，略感甜味。

养生功效

　　此款汤水具有醒脑明目、健脾开胃、增进食欲之功效；适用于消化不良及学习、工作紧张疲劳等引起的胃口欠佳、视力疲劳、夜盲症者饮用。

豆腐鱼头汤 春

原料

大鱼头500克，豆腐200克，香菜30克，生姜2片，食盐适量。

制作步骤

1. 豆腐、香菜分别洗净，备用。
2. 鱼头去鳃，清洗干净，烧锅下油、姜片，将鱼头两面煎至金黄色。
3. 将适量清水放入煲内，煮沸后加入以上材料，猛火煲滚后改用慢火煲1小时，加盐调味即可。

养生功效

此款汤水具有清热解毒、清泻胃火、醒脾开胃、解表疏风之功效；特别适宜风火牙痛、牙齿浮动、口腔溃疡、口干口苦、尿少尿黄、大便秘结者饮用。

温馨提示

香菜，是重要的香辛菜，爽口开胃，消食下气，醒脾和中，做汤可以添加；腐烂、发黄的香菜不要食用，因为这样的香菜已经没有了香气，不仅没有上述作用，而且可能会产生毒素。

粉葛墨鱼脊骨汤 春

原料

猪脊骨750克，墨鱼干50克，粉葛500克，花生100克，蜜枣15克，食盐适量。

制作步骤

1. 猪脊骨斩件，洗净，飞水。
2. 粉葛去皮，洗净切块；花生、墨鱼干浸泡，洗净；蜜枣洗净。
3. 将适量清水放入煲内，煮沸后加入以上材料，猛火煲滚后改用慢火煲3小时，加盐调味即可。

养生功效

此款汤水具有清热消暑、开胃健脾、利水祛湿、生津止渴之功效；特别适宜烦闷口渴、食欲缺乏者饮用。

温馨提示

粉葛为豆科植物野葛的根，系豆科葛属多年生植物。春季种植冬季收获，含淀粉很多，常用于以熬汤、做菜，提取淀粉食用等。

冬瓜乌鸡汤 夏

原料

乌鸡1只，瘦肉250克，冬瓜1200克，绿豆50克，陈皮1小块，食盐适量。

制作步骤

① 冬瓜去瓤，洗净，连皮切成大块；绿豆洗净，浸泡1小时；陈皮浸软，洗净。

② 乌鸡洗净，斩成大块；瘦肉洗净，切成块。

③ 将适量清水放入煲内，煮沸后加入以上材料，猛火煲滚后改用慢火煲2小时，加盐调味即可。

养生功效

此款汤水具有清热解暑、祛湿消肿、润肺生津、化痰止渴之功效；特别适宜暑热口渴、水肿、脚气、胀满、消渴者饮用。

温馨提示

乌鸡连骨熬汤滋补效果最佳，可将其骨头砸碎，与肉、内脏一起熬炖，宜用沙锅熬炖，吃起来更有别具一格的美味。

咸蛋瘦肉汤 夏

原料

猪瘦肉500克，白瓜500克，咸蛋1只，食盐适量。

制作步骤

① 猪瘦肉洗净，切片。

② 白瓜剖开去瓤，洗净，切块；咸蛋去壳。

③ 煮沸清水，加入白瓜、咸蛋黄煲30分钟，放入瘦肉煲20分钟，倒进咸蛋液，5分钟后加盐调味即可。

养生功效

此款汤水具有消暑清热、解渴除烦、利尿通便、涤胃益气等功效；特别适宜烦热口渴、小便不利、食欲欠佳者饮用。

温馨提示

中医认为，咸鸭蛋清肺火、降阴火功能比未腌制的鸭蛋更胜一筹，煮食可治愈泻痢。其中咸蛋黄油可治小儿积食。

冬瓜薏米老鸭汤 夏

原料

光　鸭	…………………	1/2只
瘦　肉	…………………	300克
冬　瓜	…………………	1000克
薏　米	…………………	50克
陈　皮	…………………	1小块
食　盐	…………………	适量

温馨提示

　　冬瓜应用于煲汤的时候，一般连皮一起食用，这样食疗效果会更加明显。

养生功效

　　此款汤水口感清鲜，具有清热消暑、生津除烦、利尿消肿、健脾利水、健脾开胃之功效；特别适宜暑热口渴、痰热咳喘、水肿、脚气、胀满者饮用。

制作步骤

❶ 冬瓜除瓤洗净，连皮切厚块；薏米洗净，浸泡1小时；陈皮浸软，洗净。

❷ 光鸭洗净，斩成大件；瘦肉洗净，切成厚片。

❸ 将适量清水放入煲内，煮沸后加入以上材料，猛火煲滚后改用慢火煲3小时，加盐调味即可。

制作步骤

① 排骨洗净斩件，放入沸水中煮5分钟，取出洗净备用。

② 冬瓜去籽，洗净，带皮切成厚块；赤小豆、陈皮分别洗净，用清水浸软。

③ 煲锅置火上，加入适量清水烧沸，再放入全部材料再次煮开，转慢火煲2小时，再加入食盐调味，出锅装碗即可。

冬瓜 排骨汤 夏

原料

冬　　瓜……………600克
猪排骨……………500克
赤小豆…………… 60克
陈　　皮…………1小块
食　　盐………… 适量

养生功效

此款汤水具有利水除湿、清热解毒、降脂降压、和血排脓、通利小便之功效；适宜水肿、脚气、黄疸、泻痢、高血脂、高血压者饮用。

陈皮果皮多剥成3～4瓣，基部相连，形状整齐有序，厚度约1毫米。点状油室较大，对光照视透明清晰，质较柔软。以片大、色鲜、油润、质软、香气浓、味苦辛者为佳。

温馨提示

茯苓，自古被视为"中药八珍"之一，具有利水渗湿、健脾补中、宁心安神的功效；以体重坚实、外皮色棕褐、皮纹细、无裂隙、断面白色细腻者为佳。

粉葛煲鲫鱼汤 夏

原料

鲫鱼500克，粉葛700克，蜜枣20克，食盐适量。

制作步骤

① 粉葛去皮，洗净切成大块；蜜枣洗净。
② 将鲫鱼常规处理后清洗干净，抹干水，烧锅下油、姜片，将鲫鱼两面煎至金黄色。
③ 将适量清水放入煲内，煮沸后加入以上材料，猛火煲滚后改用慢火煲1.5小时，加盐调味即可。

温馨提示

粉葛，亦即葛根，具有解肌退热、生津、透疹、升阳止泻的功效，对外感风湿引起的发热，周身困重，颈紧膊痛有较好的清解作用。

北芪茯苓瘦肉汤 夏

原料

猪瘦肉500克，茯苓30克，北芪20克，红枣20克，桂圆肉20克，生姜1片，食盐适量。

制作步骤

① 猪瘦肉洗净，切厚片，飞水。
② 北芪、茯苓、桂圆肉洗净；红枣去核，洗净。
③ 将适量清水放入煲内，煮沸后加入以上材料，猛火煲滚后改用慢火煲3小时，加盐调味即可。

养生功效

此款汤水具有清热降火、解毒利湿、祛风通络、强健脾胃、补血安神、补气益肺之功效；特别适宜热毒炽盛、小便不利、水肿胀满、食少脘闷、心悸不安、失眠健忘者饮用。

养生功效

此款汤水具有清热去火、清痰利湿、解毒去湿之功效；特别适宜发热头痛、口渴口苦、麻疹不透、热痢、泄泻者饮用。

玄参麦冬瘦肉汤 夏

原料

猪瘦肉500克，玄参30克，麦冬30克，蜜枣20克，食盐适量。

制作步骤

1. 猪瘦肉洗净，切块，飞水。
2. 玄参、麦冬提前1小时浸泡，沉净；蜜枣洗净。
3. 将适量清水放入煲内，煮沸后加入以上材料，猛火煲滚后改用慢火煲3小时，加盐调味即可。

养生功效

此款汤水具有泻火解毒、清热养阴、利咽解渴、清心除烦之功效；特别适合咽喉肿痛、烟酒过多、频繁熬夜、风火牙痛、心烦口渴者饮用。

温馨提示

猪瘦肉烹调前莫长时间浸泡在水中，这样会流失很多营养，同时口味也欠佳。

鸡骨草瘦肉汤 夏

原料

猪瘦肉500克，鸡骨草50克，蜜枣25克，食盐。

制作步骤

1. 猪瘦肉洗净，切块，飞水。
2. 鸡骨草浸泡1小时，洗净；蜜枣洗净。
3. 将适量清水放入煲内，煮沸后加入以上材料，猛火煲滚后改用慢火煲2小时，加盐调味即可。

养生功效

此款汤水具有清热降火、解毒利湿、增强机体免疫力、抗癌防癌之功效；特别适宜消化系统及泌尿系统癌症患者饮用。

温馨提示

鸡骨草为豆科植物广东相思子的全草。广东相思子为攀援灌木，生于山地或旷野灌木林边，分布于广东、广西等地。鸡骨草全草多缠绕成束，以根粗、茎叶全者为佳。

粉葛绿豆脊骨汤 夏

原料

猪脊骨	·············	750克
粉 葛	·············	500克
绿 豆	·············	50克
蜜 枣	·············	15克
食 盐	·············	适量

温馨提示

粉葛丙酮提取物有使体温恢复正常的作用，对多种发热有效。故常用于发热口渴、心烦不安等病症的食疗。

养生功效

此款汤水具有生津止渴、清热解毒、醒酒除烦之功效；特别适宜口干口苦、湿热泄泻、烟酒过多、皮肤疮毒者饮用。

制作步骤

❶ 猪脊骨洗净，斩件，飞水。

❷ 粉葛去皮，洗净切块；绿豆浸泡1小时，洗净；蜜枣洗净。

❸ 将适量清水放入煲内，煮沸后加入以上材料，猛火煲滚后改用慢火煲2.5小时，加盐调味即可。

竹蔗茅根瘦肉汤 夏

原料

猪瘦肉……………600克
竹 蔗……………250克
白茅根…………… 30克
马 蹄……………100克
蜜 枣…………… 15克
食 盐…………… 适量

温馨提示

白茅根能除烦热，利小便，鲜用效果更佳；以条粗、色白、味甜者为佳；白茅根忌犯铁器，切制白茅根忌用水浸泡，以免钾盐流失。

养生功效

此款汤水具有清热生津、利尿通便、解酒除烦的功效；特别适宜烟酒过多引起的烦热不安、咽痛口渴、声音嘶哑、尿黄尿少者饮用。

制作步骤

❶ 猪瘦肉洗净，切厚片，飞水。

❷ 竹蔗洗净，切成小段；马蹄去皮，洗净；鲜白茅根、蜜枣洗净。

❸ 将适量清水放入煲内，煮沸后加入以上材料，猛火煲滚后改用慢火煲2小时，加盐调味即可。

制作步骤

① 猪脊骨洗净，剁成大块，洗净，飞水。

② 冬瓜、苦瓜分别洗净、去瓤，均切成大块；蜜枣洗净。

③ 锅中加入清水烧沸，放入以上材料，猛火煲滚后转慢火煲3小时，加入食盐调味即可。

冬瓜苦瓜脊骨汤

原料

猪脊骨	750克
冬　瓜	500克
苦　瓜	300克
蜜　枣	15克
食　盐	适量

温馨提示

冬瓜以生长充分、老熟、肉质结实、皮色青绿、带白霜、形状端正、表皮无斑点和外伤、皮不软、不腐烂为好。

养生功效

此款汤水具有清热消暑、利暑去湿、通便利水、生津除烦之功效；适宜口渴心烦、汗多尿少、食欲缺乏、胸闷胀满者饮用。

制作步骤

❶ 鲜白茅根、生地黄、薏米洗净；蜜枣洗净。

❷ 老鸭斩件，洗净，飞水。

❸ 把适量清水煮沸，放入所有材料煮沸后改慢火煲3小时，加盐调味即可。

茅根生地薏米老鸭汤

原料

老　鸭……………600克
鲜白茅根…………　40克
生地黄……………　30克
薏　米……………　30克
蜜　枣……………　20克
生　姜……………　2片
食　盐……………　适量

生地黄宜与其他汤料相配食用；配阿胶，清热降火；配黄柏，养阴清热；配牛膝，滋阴补肾。

养生功效

此款汤水具有清热降火、凉血止血、利尿渗湿、滋阴生津之功效；适宜泌尿系统感染、肾结石、膀胱结石、症见尿频、尿少尿黄、血尿者饮用。

合掌瓜排骨汤 夏

原料

排骨750克，合掌瓜500克，无花果30克，南北杏仁30克，蜜枣15克，食盐适量。

制作步骤

① 排骨洗净，斩件，飞水。

② 合掌瓜去瓤，洗净切块；无花果浸泡，洗净；南北杏仁、蜜枣洗净。

③ 将适量清水放入煲内，煮沸后加入以上材料，猛火煲滚后改用慢火煲2小时，加盐调味即可。

养生功效

此款汤水具有生津止渴、润燥解暑、清润喉咙之功效；特别适宜暑天多汗、口舌干燥、心烦不安者饮用。

温馨提示

枣制成的果脯一般称为蜜枣。由于其表面带有许多细纹，故又称之为金丝蜜枣。蜜枣是广东老火汤的常用传统配料。

狗肝菜瘦肉汤 夏

原料

猪瘦肉500克，狗肝菜100克，薏米50克，蜜枣20克，食盐适量。

制作步骤

① 猪瘦肉洗净，切厚片，飞水。

② 狗肝菜洗净，浸泡30分钟；薏米洗净，浸泡1小时；蜜枣洗净。

③ 将适量清水放入煲内，煮沸后加入以上材料，猛火煲滚后改用慢火煲2小时，加盐调味即可。

养生功效

此款汤水具有生津止渴、清热泻火、除烦润燥之功效；特别适宜口渴欲饮、肝胆湿热之胁肋胀满、烦躁易怒、尿黄尿少者饮用。

温馨提示

狗肝菜又叫金龙棒、猪肝菜、青蛇、路边青，性凉，味甘、淡，入心、肝、大肠、小肠经；具有清热解毒、凉血、生津、利尿的功效。以叶多、色绿者为佳。

粉葛墨鱼猪蹄汤 夏

原料

猪蹄肉500克，干墨鱼100克，粉葛400克，绿豆100克，生姜2片，食盐适量。

制作步骤

1. 猪蹄肉洗净切成大块，飞水。
2. 粉葛去皮，洗净切块，绿豆洗净，清水浸1小时；墨鱼干浸透，洗净；陈皮、生姜洗净。
3. 将适量清水放入煲内，煮沸后加入以上材料，猛火煲滚后改用慢火煲1.5小时，加盐调味即可。

养生功效

此款汤水具有清热降火、解肌退热、生津止渴、升阳止泻之功效；特别适宜发热头痛、口干口渴者饮用。

温馨提示

绿豆不宜煮得过烂，以免使有机酸和维生素遭遇到破坏，降低清热解毒功效。

莲蓬荷叶煲鸡汤 夏

原料

老光鸡1只，莲蓬30克，荷叶20克，红枣20克，食盐适量。

制作步骤

1. 老光鸡洗净，斩件。
2. 莲蓬、荷叶浸泡1小时，洗净；红枣去核，洗净。
3. 将适量清水放入煲内，煮沸后加入以上材料，猛火煲滚后改用慢火煲2小时，加盐调味即可。

养生功效

此款汤水具有消暑利湿、健脾升阳、散瘀止血之功效；特别适宜暑热烦渴、头痛眩晕、水肿、食少腹胀、泻痢、损伤瘀血者饮用。

温馨提示

用于煲汤，荷叶可用鲜品，亦可用干品，但鲜品的清热解暑功效更为显著。须注意：荷叶畏桐油、茯苓、白银。

节瓜 排骨汤

原料

排　　骨	750克
节　　瓜	500克
香　　菇	50克
眉　　豆	50克
花　　生	50克
蜜　　枣	15克
食　　盐	适量

温馨提示

节瓜的老瓜、嫩瓜均可食用，是一种营养丰富，口感鲜美，炒食做汤皆宜的瓜类。嫩瓜肉质柔滑、清淡，烹调以嫩瓜为佳。

养生功效

此款汤水具有消暑清热、利水渗湿、醒神开胃之功效；特别适宜暑热烦渴、汗多尿少、食欲缺乏者饮用。

制作步骤

❶ 节瓜去皮，洗净切块；眉豆、花生、香菇洗净，浸泡1小时；蜜枣洗净。

❷ 排骨斩件，洗净，飞水。

❸ 将适量清水放入煲内，煮沸后加入以上材料，猛火煲滚后改用慢火煲3小时，加盐调味即可。

制作步骤

① 把猪肚翻转过来，用盐、淀粉搓擦，然后用水冲洗，反复几次。

② 田寸草连头茎洗净；白果、薏米、腐竹、蜜枣洗净。

③ 把适量清水煮沸，放入以上材料猛火煮沸后改文火煲2小时，加盐调味即可。

田寸草薏米猪肚汤 夏

原料

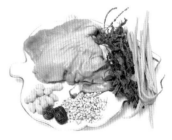

猪　　肚	500克
田寸草	150克
薏　　米	100克
腐　　竹	50克
白　　果	50克
蜜　　枣	20克
食　　盐	适量

温馨提示

薏米较难煮熟，在煮之前需以温水浸泡2～3小时，让它充分吸收水分，在吸收了水分后再与其他米类一起煮就很容易熟了。

养生功效

此款汤水具有清热去湿、利尿通便、凉血解毒之功效；适宜小便不利、淋浊带下、水肿黄疸、肺热咳嗽，肝热目赤者饮用。

冬瓜绿豆鹌鹑汤 夏

原料

鹌鹑4只，冬瓜500克，绿豆60克，蜜枣15克，食盐适量。

制作步骤

1 冬瓜洗净、去瓤，连皮切成块状；绿豆洗净，浸泡1小时；蜜枣洗净。
2 鹌鹑去毛、内脏，清洗干净。
3 将适量清水放入煲内，煮沸后加入以上材料，猛火煲滚后改用慢火煲2小时，加盐调味即可。

温馨提示

鹌鹑是一种头小、尾巴短、不善飞的赤褐色禽类，鹌鹑肉是典型的高蛋白、低脂肪、低胆固醇食物，特别适合中老年人以及高血压、肥胖症患者食用。鹌鹑可与补药之王人参相媲美，誉为"动物人参"。

养生功效

此款汤水具有清热消暑、利水消炎、生津除烦之功效；特别适宜口渴心烦、咽痛口干、热痱、湿疹、疮痛频生者饮用。

绿豆荷叶田鸡汤 夏

原料

田鸡500克，绿豆100克，荷叶30克，食盐适量。

制作步骤

1 田鸡去头、皮、内脏，洗净斩小件。
2 绿豆洗净，浸泡1小时；荷叶浸泡，洗净。
3 将适量清水放入煲内，煮沸后加入以上材料，猛火煲滚后改用慢火煲1小时，加盐调味即可。

养生功效

此款汤水具有清暑解毒、生津止渴、消暑利湿、利水消肿之功效；特别适宜暑热烦渴、湿热泻痢、皮肤湿疹、疮疖肿毒者饮用。

温馨提示

田鸡因肉质细嫩胜似鸡肉，故称田鸡。田鸡含有丰富的蛋白质、糖类、水分和少量脂肪，肉味鲜美，现在食用的田鸡大多为人工养殖。

无花果瘦肉汤 秋

原料

瘦肉400克，无花果30克，南北杏仁20克，蜜枣20克，食盐适量。

制作步骤

1. 瘦肉洗净，切厚片。
2. 无花果提前1小时浸泡，洗净，南北杏仁、蜜枣洗净。
3. 将适量清水放入煲内，煮沸后加入以上材料，猛火煲滚后改用慢火煲2小时，加盐调味即可。

养生功效

此款汤水具有清甜润肺、清热消肿、消食开胃之功效；特别适宜咽喉肿痛、消化不良、阴虚咳嗽者饮用。

温馨提示

无花果营养丰富而全面，除含有人体必需的多种氨基酸、维生素、矿物质外，还含有柠檬酸、延胡索酸、脂肪酶等多种成分。

太子参瘦肉汤 秋

原料

瘦肉500克，太子参20克，芡实30克，蜜枣20克，食盐适量。

制作步骤

1. 瘦肉洗净，切厚片。
2. 太子参、蜜枣洗净；芡实浸泡，洗净。
3. 将适量清水放入煲内，煮沸后加入以上材料，猛火煲滚后改用慢火煲2小时，加盐调味即可。

养生功效

此款汤水具有清润肺燥、益气生津之功效；特别适宜脾虚食少、倦怠乏力、肺虚咳嗽、津亏口渴者饮用。

温馨提示

太子参味甘、微苦，性平、微寒；既能益气，又可养阴生津，且药力平和，为一味清补之品。

罗汉果瘦肉汤

原料

猪瘦肉……………500克
罗汉果……………　1只
食　盐……………　适量

温馨提示

　　罗汉果以个大，完整、摇之不响、色黄褐者为佳。罗汉果常烘干、粉碎后用开水冲泡或用水煎而取其汁饮用，是一种风味独特的干果。

养生功效

　　此款汤水具有润肺利咽、清痰止咳、清喉爽声之功效；特别适宜痰火咳嗽、烟酒过多、频繁熬夜引起的声音嘶哑者饮用。

制作步骤

❶ 猪瘦肉洗净，切片，飞水。

❷ 罗汉果洗净，打碎。

❸ 将适量清水放入煲内，煮沸后加入以上材料，猛火煲滚后改用慢火煲3小时，加盐调味即可。

赤小豆苦瓜排骨汤 秋

原 料

猪排骨	750克
苦　瓜	300克
葛　花	20克
赤小豆	50克
蜜　枣	25克
食　盐	适量

温馨提示

葛花能解酒毒、祛酒湿、醒胃止烦渴，是解酒、醒酒之佳品，对醉酒后出现的心神烦躁、恶心呕吐、发热、烦渴等有较好的清解作用。

养生功效

此款汤水具有清热除烦、醒胃止渴、解毒醒酒、宽肠理气之功效；特别适宜心烦口渴、酒后头痛、精神不爽、胸胁胀满、食欲缺乏者饮用。

制作步骤

❶ 排骨斩件，洗净，飞水。

❷ 苦瓜去瓤，洗净切块；赤小豆浸泡，洗净；葛花、蜜枣洗净。

❸ 将适量清水放入煲内，煮沸后加入以上材料，猛火煲滚后改用慢火煲2小时，加盐调味即可。

制作步骤

❶ 猪瘦肉洗净，切成块状，飞水。

❷ 雪梨去皮、核，洗净切块；银耳浸发，洗净，撕成小朵，西洋参、蜜枣洗净。

❸ 将适量清水放入煲内，煮沸后加入以上材料，猛火煲滚后改用慢火煲2小时，加盐调味即可。

西洋参双雪瘦肉汤 秋

原料

猪瘦肉	500克
西洋参	20克
雪 梨	250克
银 耳	20克
蜜 枣	15克
食 盐	适量

温馨提示

　　银耳宜用凉水泡发，泡发后应去掉未发开的部分，特别是那些呈淡黄色的部分；变质银耳不可食用，以防中毒。

养生功效

　　此款汤水具有清热生津、益肺降火、清燥润肺、除烦醒酒之功效；特别适宜口苦口臭、胸闷胸痛、神志不爽、口咽干燥者饮用。

制作步骤

❶ 海蜇洗净，飞水；马蹄去皮，洗净。

❷ 排骨洗净，斩件，飞水；瘦肉洗净，切块。

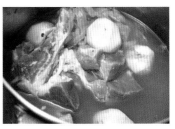

❸ 将适量清水放入煲内，煮沸后加入以上材料，猛火煲滚后改用慢火煲2小时，加盐调味即可。

马蹄海蜇肉排汤 秋

原料

瘦　肉……………………450克
排　骨……………………300克
海　蜇……………………200克
马　蹄……………………200克
生　姜…………………… 1片
食　盐…………………… 适量

海蜇有化痰清热的作用，对于降低血压也有一定的疗效，痰多及患高血压的人士，不妨多饮此汤。

🍵 养生功效

此款汤水具有降血压、生津润肺、化痰利肠、通淋利尿、消痛解毒之功效；特别适宜高血压、便秘、糖尿病尿多者饮用。

菜干蜜枣猪蹄汤 秋

原料

猪蹄肉500克，菜干50克，蜜枣20克，南北杏仁15克，食盐适量。

制作步骤

❶ 猪蹄肉洗净，切成厚片。
❷ 菜干浸开，洗净；蜜枣、南北杏仁洗净。
❸ 将适量清水放入煲内，煮沸后加入以上材料，猛火煲滚后改用慢火煲2小时，加盐调味即可。

养生功效

此款汤水具有润肺解燥、生津止咳、降气平喘之功效；特别适合咳嗽、胸满喘促、喉痹咽痛者饮用。

温馨提示

菜干在烹制之前一定要确保浸泡时间充足，一般需要浸泡2～3小时，这样才能将菜干切底清洗干净。

杏仁桂圆乳鸽汤 秋

原料

乳鸽1只，瘦肉300克，南北杏仁30克，桂圆肉20克，生姜10克，食盐适量。

制作步骤

❶ 乳鸽去毛、内脏，洗净；瘦肉用清水洗净，切成小块。
❷ 南北杏仁、桂圆肉、生姜分别用清水浸洗干净。
❸ 锅中加入适量清水烧沸，放入乳鸽、瘦肉、南北杏仁、桂圆肉、姜块煮沸，再改用慢火煲约2小时，然后调入食盐即可。

养生功效

此款汤水润而不腻，具有补肺益气、润肺解燥、止咳平喘之功效；特别适宜咳嗽、胸满喘促、肾虚体弱、心神不宁者饮用。

温馨提示

中医认为，鸽肉味咸、性平，无毒；具有滋补肝肾之作用，可以补气血，拔毒排脓；可用以治疗恶疮、久病虚羸、消渴等症。常吃可使身体强健，清肺顺气。

桑杏猪肺汤 秋

原料

猪肺500克，桑叶10克，南北杏仁20克，蜜枣15克，生姜2片，食盐适量。

制作步骤

① 猪肺洗净，切块，飞水。

② 桑叶浸泡，洗净；生姜、南北杏仁、蜜枣洗净。

③ 将适量清水放入煲内，煮沸后加入以上材料，猛火煲滚后改用慢火煲3小时，加盐调味即可。

养生功效

此款汤水具有润肺止咳、疏风清热、清肝明目之功效；特别适合风热表证之鼻塞、流涕、咳嗽痰多、肝火上炎之目赤肿痛、肺虚咳嗽兼见表证者饮用。

温馨提示

猪肺买回来后一定要先用清水对着肺管冲洗一下，冲至发胀后放出水，如此重复几次。

双雪木瓜猪肺汤 秋

原料

猪肺500克，雪梨250克，银耳30克，木瓜250克，生姜2片，食盐适量。

制作步骤

① 雪梨去心，洗净切块；银耳浸泡，洗净撕成小朵；木瓜去皮、子，洗净切块。

② 猪肺洗净，切成块状，飞水。

③ 将适量清水放入煲内，煮沸后加入以上材料，猛火煲滚后改用慢火煲3小时，加盐调味即可。

养生功效

此款汤水具有清燥润肺、化痰止咳、生津止渴之功效；特别适宜秋燥或肺燥引起的咳嗽痰少、口咽干燥、皮肤干燥、食欲缺乏者饮用。

温馨提示

银耳又名雪耳，本汤中与雪梨一起称双雪；猪肺不要购买鲜红色的，鲜红色的是充了血，炖出来会发黑，最好选择颜色稍淡的猪肺。

苦瓜蚝豉瘦肉汤

原料

猪瘦肉·················500克
苦　瓜·················300克
蚝　豉·················50克
食　盐·················适量

温馨提示

汤中蚝豉是牡蛎肉的干制品，味甘咸，性平；含有右旋葡萄糖、左旋岩藻糖、牛磺酸、无机盐、谷胱甘肽、多种氨基酸及多种维生素，是营养极佳之食品；具有滋阴补肾、除阴热之功效。

养生功效

此款汤水具有清热消暑、降糖止渴、降火利咽之功效；特别适宜糖尿病、高血压、高血脂引起的口干口苦、咽喉疼痛、头晕目眩者饮用。

制作步骤

❶ 猪瘦肉洗净，切厚片。

❷ 苦瓜去瓤，洗净切块；蚝豉浸泡2小时，洗净。

❸ 将适量清水放入煲内，煮沸后加入以上材料，猛火煲滚后改用慢火煲2小时，加盐调味即可。

制作步骤

❶ 粉葛去皮洗净，横切片；赤小豆、蜜枣洗净。

❷ 猪䏓肉洗净，切成厚片。

❸ 将适量清水放入煲内，煮沸后加入以上材料，猛火煲滚后改用慢火煲2小时，加盐调味即可。

粉葛 猪䏓肉汤 秋

原料

猪䏓肉·················500克
粉　葛·················300克
赤小豆················· 50克
蜜　枣················· 20克
食　盐················· 适量

粉葛丙酮提取物有使体温恢复正常的作用，对多种发热有效。故常用于发热口渴、心烦不安等病症。

养生功效

此款汤水具有清热润肺、生津除烦、升阳止泻之功效；一般人群均可食用，特别适宜秋燥季节饮用。

桑叶茯苓脊骨汤 (秋)

原料

猪脊骨750克，桑叶10克，茯苓30克，食盐适量。

制作步骤

① 猪脊骨斩件，洗净，飞水。
② 桑叶、茯苓浸泡，洗净。
③ 将适量清水放入煲内，煮沸后加入以上材料，猛火煲滚后改用慢火煲3小时，加盐调味即可。

养生功效

此款汤水具有清泻肺热、化痰止咳、益肺定喘、健脾利湿之功效；特别适宜呼吸系统疾患后期见痰多、咳痰不清、伴有颜面水肿、尿少者饮用。

温养提示

桑叶善于散风热而泄肺热，对症外感风热、头痛、咳嗽等，常与菊花、银花、薄荷、前胡、桔梗等配合使用。

核桃花生鸡脚汤 (秋)

原料

鸡脚400只，花生100克，核桃仁30克，红枣20克，冬菇15克，陈皮1块，食盐适量。

制作步骤

① 鸡脚洗净，飞水备用。
② 冬菇浸软，洗净；红枣去核，洗净；核桃仁、花生、陈皮洗净，沥干。
③ 将适量清水放入煲内，煮沸后加入以上材料，猛火煲滚后改用慢火煲3小时，加盐调味即可。

养生功效

此款汤水具有润肺祛燥、和肺定喘、滋阴养颜之功效；特别适宜肺燥咳嗽、肾虚喘嗽者秋季饮用。

温养提示

有的人喜欢将核桃仁表面的褐色薄皮剥掉，这样会损失掉一部分营养，所以煲汤时不要剥掉这层薄皮。

霸王花猪踭汤 秋

原料

猪踭肉500克，霸王花50克，蜜枣20克，南北杏仁20克，食盐适量。

制作步骤

① 猪踭肉洗净，切块，飞水。
② 霸王花用清水浸软，洗净；蜜枣、南北杏仁洗净。
③ 将适量清水放入煲内，煮沸后加入以上材料，猛火煲滚后改用慢火煲2小时，加盐调味即可。

养生功效

此款汤水具有清热润肺、祛痰止咳、补肺益气之功效；特别适宜痰火咳嗽、胸满喘促、支气管炎者饮用。

温馨提示

霸王花产于广东，气微香，味稍甜；具有止气喘、理痰火咳嗽、清热润肺、止咳的功效；选购时以朵大、色鲜明、味香甜者为佳。

沙参瘦肉汤 秋

原料

猪瘦肉500克，沙参30克，玉竹30克，百合30克，蜜枣15克，食盐适量。

制作步骤

① 猪瘦肉洗净，切块，飞水。
② 沙参、玉竹、百合、蜜枣洗净。
③ 将适量清水放入煲内，煮沸后加入以上材料，猛火煲滚后改用慢火煲2小时，加盐调味即可。

养生功效

此款汤水具有润肺止咳、生津解渴、养阴润燥之功效；特别适宜秋燥、肺燥干咳、阴虚久咳、烦渴口干者饮用。

温馨提示

沙参分为南沙参与北沙参两种，虽是不同科属的两种植物药材，但一般认为两药功用相似，细分起来，南沙参偏于清肺祛痰，而北沙参偏于养胃生津。

参竹鱼尾汤 秋

原料

鱼　　尾……………500克
沙　　参…………… 30克
玉　　竹…………… 30克
蜜　　枣…………… 20克
食　　盐…………… 适量

温馨提示

用鱼来做汤，一般都需要先经过油煎，再倒入开水炖煮，其汤才会呈奶白色，且汤味浓厚。汤的奶白色，是油水充分混合的结果。

养生功效

此款汤水具有清热解暑、消脂降压、清肺化痰、益胃生津之功效；特别适宜内热消渴、燥热咳嗽、阴虚外感者饮用。

制作步骤

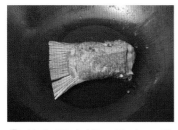

❶ 鲩鱼尾去鳞，洗净，烧锅下油、姜，将鱼尾煎至金黄色。

❷ 沙参、玉竹、蜜枣洗净。

❸ 将适量清水放入煲内，煮沸后加入以上材料，猛火煲滚后改用慢火煲1.5小时，加盐调味即可。

胡萝卜冬菇排骨汤 秋

原料

排　骨·················500克
胡萝卜················250克
冬　菇················　25克
大白菜················250克
食　盐················　适量

温馨提示

胡萝卜性平味甘，具有补中下气、利胸膈、润肠胃、安五脏之功效。特别在秋令时节，常食胡萝卜能增强体质、提高免疫力和润泽肌肤。

 养生功效

此款汤水鲜美甘润，具有补中益气、健脾消食、行气化滞、益眼明目之功效；特别适宜食欲缺乏、腹胀腹泻、咳喘痰多、视物不明者饮用。

制作步骤

❶ 胡萝卜洗净去皮，切厚块；冬菇用清水浸软，去蒂；大白菜洗净。

❷ 排骨洗净，斩件，飞水。

❸ 将适量清水放入煲内，煮沸后加入以上材料，猛火煲滚后改用慢火煲2小时，加盐调味即可。

制作步骤

① 鹌鹑去除内脏，清洗干净；瘦肉洗净，切块，飞水。

② 川贝、蜜枣洗净

③ 将适量清水放入煲内，煮沸后加入以上材料，猛火煲滚后改用慢火煲2小时，加盐调味即可。

川贝瘦肉鹌鹑汤 秋

原料

鹌 鹑	……………	2只
瘦 肉	……………	250克
川 贝	……………	20克
蜜 枣	……………	20克
食 盐	……………	适量

温馨提示

鹌鹑肉是典型的高蛋白、低脂肪、低胆固醇食物，是老幼病弱者、高血压患者、肥胖症患者的上佳补品。

养生功效

此款汤水具有滋养润肺、化痰止咳、散结消肿、生津除烦之功效；特别适宜肺热燥咳、肺痈吐脓、虚劳久咳者饮用。

制作步骤

❶ 排骨洗净，斩件，飞水。

❷ 淮山、蜜枣洗净。

❸ 将适量清水放入煲内，煮沸后加入以上材料，猛火煲滚后改用用慢煲2小火，加盐调味即可。

淮山排骨汤 冬

原料

排　　骨	500克
淮　　山	50克
蜜　　枣	25克
食　　盐	适量

温馨提示

煲好的汤纯香可口，排骨肉质滑烂，淮山绵软微甜；不用添加过多的调料，以免破坏本来的口感。

养生功效

此款汤水具有补肾固精、补气益肺、养阴生津、助眠退火之功效；特别适宜肺虚咳喘、气短自汗、肾虚遗精、眩晕耳鸣者饮用。

银耳煲鸡汤 冬

原料

光鸡1只，银耳30克，蜜枣25克，老姜2片，食盐适量。

制作步骤

① 蜜枣洗净；银耳用清水浸发，洗净，撕成小朵。

② 将光鸡除去肥油，洗净，放入开水中煮10分钟，捞起洗净。

③ 把适量清水煮沸，放入全部材料煮沸后改慢火煲2小时，加盐调味即可。

养生功效

此款汤水具有开胃润肠、健脾养胃、清润补益、强筋健骨、补虚填精等功效；适用于脾胃虚弱、营养不良、乏力疲劳者饮用。

温馨提示

银耳宜用开水泡发，泡发后应去掉未发开的部分，特别是那些呈淡黄色的部分；变质银耳不可食用，以防中毒。

墨鱼猪肚汤 冬

原料

猪肚1个，连骨墨鱼1条，杏仁20克，老姜2片，食盐、淀粉适量。

制作步骤

① 把猪肚翻转过来，放入盆中，用食盐、淀粉搓擦，再用清水冲洗干净，反复几次，至异味去除。

② 墨鱼洗涤整理干净；杏仁洗净。

③ 锅置火上，加入适量清水煮沸，放入全部材料煮沸后改慢火煲2小时，加盐调味即可。

养生功效

此款汤水具有健脾养胃、益血补肾、健胃理气、壮阳健身等功效；适用于胃湿热、有痰及胃溃疡者饮用。

温馨提示

墨鱼含有丰富的蛋白质、脂肪、无机盐、碳水化合物等多种物质，药用价值高，加上它滋味鲜美，早在唐代就有食用墨鱼的记载，是人们喜爱的佳肴。

陈皮蜜枣乳鸽汤 冬

原料

乳鸽1只，猪瘦肉250克，蜜枣20克，陈皮10克，食盐适量。

制作步骤

① 将乳鸽宰杀，去毛、内脏，用清水洗净，猪瘦肉洗净。

② 陈皮用清水浸软，洗净；蜜枣洗净。

③ 将适量清水放入煲内，煮沸后加入以上材料，猛火煲滚后改用慢火煲2小时，加盐调味即可。

🍵 养生功效

此款汤水汤味鲜美，具有温肺化痰、滋养补虚之功效；特别适合肺虚、肺寒引起的久咳不愈，夜间咳多、咳嗽痰白、咳甚气促者饮用。

温馨提示

鸽肉所含的钙、铁、铜等元素及维生素A、B族维生素、维生素E等都比鸡、鱼、牛、羊肉含量高。本汤温燥，肺热、肺燥咳喘者慎用。

参果瘦肉汤 冬

原料

瘦肉500克，太子参50克，无花果50克，蜜枣25克，食盐适量。

制作步骤

① 瘦肉洗净，切块，飞水。

② 太子参、无花果、蜜枣洗净。

③ 将适量清水放入煲内，煮沸后加入以上材料，猛火煲滚后改用慢火煲2小时，加盐调味即可。

🍵 养生功效

此款汤水具有益肺养阴、益气生津、健脾开胃之功效；特别适宜神经衰弱、失眠多梦、虚不受补者饮用。

温馨提示

太子参以条粗肥润，有粉性、黄白色，无须根者为佳。

胡萝卜鹌鹑汤

鹌　鹑……………… 3只
胡萝卜………………300克
百　合……………… 20克
蜜　枣……………… 20克
食　盐……………… 适量

温馨提示

此汤清润滋补，适合全家老少饮用，是秋冬季节的应时汤水。

养生功效

此款汤水具有清润滋补、滋阴健脾、止咳补气之功效；特别适宜消化不良、身虚体弱、咳嗽哮喘者饮用。

制作步骤

❶ 胡萝卜去皮洗净，切块；百合、蜜枣洗净。

❷ 鹌鹑去除内脏，洗净。

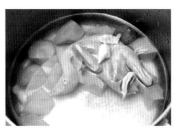

❸ 将适量清水放入煲内，煮沸后加入以上材料，猛火煲滚后改用慢火煲2小时，加盐调味即可。

制作步骤

❶ 猪腱肉洗净，切块。

❷ 芡实、莲子、百合提前浸泡，洗净；蜜枣洗净

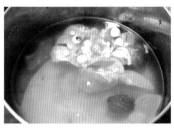

❸ 将适量清水放入煲内，煮沸后加入以上材料，猛火煲滚后改用慢火煲2小时，加盐调味即可。

莲子芡实腱肉汤 冬

原料

猪腱肉	500克
莲 子	50克
芡 实	50克
百 合	30克
蜜 枣	15克
食 盐	适量

🐢 养生功效

　　此款汤水具有滋补中气、固肾涩精、补脾止泄、健脾养胃之功效；特别适宜脾虚久泻、遗精带下、心悸失眠者饮用。

温馨提示

　　此汤由芡实与养心益肾、补脾、涩肠的莲子和补中益气、滋阴润燥的猪腱肉相配而成，可为人体提供丰富的蛋白质、脂肪、碳水化合物、矿物质等营养成分。

花生赤小豆乳鸽汤 冬

原料

乳鸽2只，花生100克，红豆50克，桂圆肉25克，食盐适量。

制作步骤

① 乳鸽去毛、内脏，洗净，飞水。

② 花生、赤小豆提前浸泡，洗净；桂圆肉洗净。

③ 将适量清水放入煲内，煮沸后加入以上材料，猛火煲滚后改用慢火煲2小时，加盐调味即可。

养生功效

此款汤水具有补血养心、健脾益气、滋养补虚之功效；特别适宜心血虚少、心悸怔忡、虚烦失眠、唇色淡白、营养不良者饮用。

温馨提示

鸽肉营养丰富，若选择油炸方法食用，会降低营养价值，长期食用还易引起机体癌变。

北芪桂圆童鸡汤 冬

原料

童鸡1只，瘦肉250克，北芪50克，桂圆肉20克，蜜枣25克，食盐适量。

制作步骤

① 童鸡宰杀，去毛、去内脏，洗净，斩件；瘦肉洗净，切块。

② 北芪、桂圆肉、蜜枣分别洗净。

③ 锅中加入适量清水煮沸后，加入以上材料，猛火煲沸，后改用慢火煲2小时，加入食盐调味即可。

养生功效

此款汤水清甜可口，具有补中益气、补血养神、开胃健脾之功效；特别适宜气虚血弱、精神衰弱、头晕失眠、食欲缺乏者饮用。

温馨提示

鸡汤内含胶质蛋白、肌肽、肌酐和氨基酸等，不但味道鲜美，而且易于吸收消化，对身体大有裨益。

归黄茯苓乌鸡汤 冬

原料

乌鸡500克，当归15克，黄芪15克，茯苓15克，食盐适量。

制作步骤

1. 乌鸡洗净，斩件。
2. 当归、黄芪、茯苓洗净。
3. 将适量清水放入煲内，煮沸后加入以上材料，猛火煲滚后改用慢火煲2小时，加盐调味即可。

养生功效

此款汤水具有益气养血、健脾养心、补肝益肾、延缓衰老、强筋健骨之功效；特别适宜体虚血亏、肝肾不足、脾胃不健者饮用。

温养提示

乌鸡用于食疗，多与银耳、黑木耳、茯苓、山药、红枣、冬虫夏草、莲子、天麻、芡实、糯米或枸杞子配伍。

菜干生鱼汤 冬

原料

生鱼1条，猪脊骨250克，菜干50克，无花果20克，食盐适量。

制作步骤

1. 生鱼处理好，洗净；猪脊骨洗净，斩件。
2. 菜干用水浸泡，洗净；无花果洗净。
3. 将适量清水放入煲内，煮沸后加入以上材料，猛火煲滚后改用慢火煲2小时，加盐调味即可。

养生功效

此款汤水具有润肺除燥、补心养阴、补脾利水之功效；特别适宜身体虚弱、脾胃气虚、营养不良、贫血者饮用。

温养提示

生鱼出肉率高、肉厚色白、红肌较少、无肌间刺，味鲜，以冬季出产为最佳。

淮山枸杞煲鸭汤 冬

鸭　肉·················	500克
瘦　肉·················	250克
淮　山·················	30克
枸杞子·················	15克
生　姜·················	2片
食　盐·················	适量

温馨提示

此汤老少皆宜，小朋友饮用此汤可以开胃健食，头脑聪慧。

养生功效

此款汤水补而不燥，具有滋阴补气、温润脏器、提神醒脑之功效；特别适宜体弱多病、产后欠补者饮用。

制作步骤

① 淮山、枸杞子、生姜洗净。

② 鸭肉洗净，斩件，飞水；瘦肉洗净，切块，飞水。

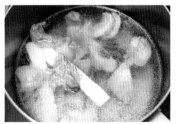

③ 将适量清水放入煲内，煮沸后加入以上材料，猛火煲滚后改用慢火煲2小时，加盐调味即可。

猴头菇 老鸡汤 冬

原料

老 鸡	………………	1只
猴头菇	………………	60克
淮 山	………………	20克
蜜 枣	………………	15克
食 盐	………………	适量

温馨提示

老鸡具有温中益气、补虚劳、健脾益胃之功效，但老鸡易于留邪于里，故外感、胃热、阴虚火旺者慎用；鸡尖是淋巴最为集中的地方，也是储存病菌、病毒和致癌物的仓库，应弃掉不要。

养生功效

此款汤水味道醇香，具有开胃健脾、益气润肺、解毒抗癌等功效，用于调养脾胃虚弱引起的慢性胃炎，亦可用于防治肿瘤。

制作步骤

❶ 猴头菇浸泡，洗净切开；淮山、蜜枣浸泡，洗净。

❷ 老鸡清洗干净，斩成大块，飞水待用。

❸ 煲内注入适量清水，煮沸后放入全部材料，猛火煮沸后改慢火煲3小时，加盐调味即可。

制作步骤

①将老鸡去除内脏，洗净；猪肚翻转过来，用盐、淀粉搓擦，然后用水冲洗，反复几次。

②红枣去核，洗净；胡椒粒捣烂待用。

③把适量清水煮沸，放入全部材料再次煮开后改慢火煲2小时，加盐调味即可。

猪肚煲老鸡汤 冬

原料

老　　鸡·················1只
猪　　肚·················1个
胡椒粒·················20克
红　　枣·················30克
食　　盐·················适量
淀　　粉·················适量

养生功效

此款汤水气味芳香，口感醇滑，具有温中散寒、祛风止痛、健脾暖胃、增进食欲等功效；常喝此汤使人胃口大开，对胃寒所致的胃腹冷痛、肠鸣腹泻都有很好的缓解作用。

温馨提示

胡椒的主要成分是胡椒碱，也含有一定量的芳香油、粗蛋白、淀粉及可溶性氮，具有祛腥、解油腻、助消化的作用，其芳香的气味能令人胃口大开，增进食欲。

制作步骤

❶ 栗子用热水浸泡，去衣；芡实、百合、蜜枣洗净。

❷ 猪腱肉洗净，切大块放入开水中煮5分钟，取出待用。

❸ 煲内注入适量清水煮沸，放入全部材料煮沸后改慢火煲2小时，加盐调味即可。

栗子 猪腱汤 冬

原料

猪腱肉	500克
栗　子	200克
百　合	60克
芡　实	20克
蜜　枣	20克
食　盐	适量

摄影提示

栗子是碳水化合物含量较高的干果品种，能供给人体较多的热能，并能帮助脂肪代谢，具有益气健脾，厚补胃肠的作用。

养生功效

此款汤水具有健脾养胃、补中益气、补肾强筋、养阴润肺、补脾止泄、利湿健中等功效；经常饮用此汤能调理肠胃，强身愈病。

海底椰瘦肉汤 _冬

原料

猪瘦肉400克，海底椰15克，南北杏仁10克，川贝母10克，蜜枣15克，食盐适量。

制作步骤

① 猪瘦肉洗净，切块，飞水。

② 海底椰、川贝母浸泡，洗净；蜜枣、杏仁洗净。

③ 将适量清水放入煲内，煮沸后加入以上材料，猛火煲滚后改用慢火煲2小时，加盐调味即可。

养生功效

此款汤水补而不燥，具有益气养阴、清肺化痰、生津润燥之功效；特别适宜气阴两虚、咳嗽黄痰、口干烦渴、气短汗多者饮用。

温馨提示

川贝母不宜与乌头类药材同用。

淮山田鸡汤 _冬

原料

田鸡300克，瘦肉250克，淮山50克，陈皮15克，食盐适量。

制作步骤

① 田鸡去皮、内脏，洗净切件。

② 瘦肉洗净，切块；淮山洗净；陈皮浸软，洗净。

③ 将适量清水放入煲内，煮沸后加入以上材料，猛火煲滚后改用慢火煲1.5小时，加盐调味即可。

养生功效

此款汤水补而不腻，具有健脾益肺、补肾固精、延缓衰老、润泽肌肤之功效；特别适宜食少倦怠、肾虚遗精、精力不足者饮用。

温馨提示

常吃淮山可补中益气，而且淮山中含有多种微量元素，对防老健身、延年益寿均有一定作用。

生姜鸡汤 冬

原料

鸡肉500克，生姜4片，酒、食盐各适量。

制作步骤

1. 鸡肉洗净，切块。
2. 将鸡肉放入无油的锅中炒干水分。
3. 放入适量的油、姜片，开猛火炒鸡肉，加少许酒和适量水，用慢火再煮60分钟，调味即可。

养生功效

此款汤水具有滋补强精、缓解感冒、提高人体免疫力等功效；特别适宜身体虚弱、容易感冒者饮用。

温馨提示

煮鸡汤前要将鸡的皮下油脂去掉，在鸡尖附近的可以直接去除鸡皮。

胡椒姜蛋汤 冬

原料

鸡蛋4只，胡椒粒10克，生姜30克，食盐适量。

制作步骤

1. 胡椒洗净、拍碎；生姜去皮，洗净切片。
2. 烧锅下花生油、姜片；蛋去壳，入锅煎至金黄色。
3. 加入适量沸水，放入胡椒，用中火煮30分钟，加盐调味即可。

养生功效

此款汤水具有健脾养胃、温中散寒、祛风止痛、和中止呕、增进食欲等功效；特别适合胃寒引起的胃痛、呕吐恶心、喉痒作咳者饮用。

温馨提示

白胡椒气味峻烈，温胃止呕的作用好；黑胡椒气味及作用稍次，故本汤以白胡椒为佳。

Part 3

强身润脏老火汤

莲子芡实鹌鹑汤

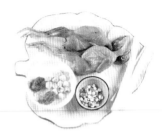

鹌　鹑………………… 4只
莲　子………………… 60克
芡　实………………… 50克
淮　山………………… 30克
蜜　枣………………… 20克
食　盐………………… 适量

温馨提示

鹌鹑简称鹑，是一种头小、尾短、不善飞的赤褐色家禽，鹌鹑肉是典型的高蛋白、低脂肪、低胆固醇食物，特别适合中老年人以及高血压、肥胖症患者食用。鹌鹑可与补药之王人参相媲美，誉为"动物人参"。

养生功效

此款汤水具有健脾开胃、消食化滞、补中益气、清利湿热、补脾止泻等功效，特别适宜脾虚胃弱、食欲缺乏者饮用。

制作步骤

❶莲子、淮山、芡实、蜜枣分别洗净。

❷鹌鹑去除内脏，洗净，放入开水中煮5分钟，取出待用。

❸煲内注入适量清水煮沸，加入全部材料再次煮沸后，改慢火煲2小时，加盐调味即可。

制作步骤

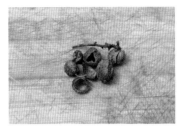

① 将砂仁洗净，拍烂。

② 把猪肚翻转过来，用盐、淀粉搓擦，然后用水冲洗，反复几次。

③ 把适量清水煮沸，放入全部材料煮沸后改慢火煲2小时，加盐调味即可。

砂仁猪肚暖胃汤

原料

猪　肚	…………………	1个
砂　仁	…………………	20克
生　姜	…………………	2片
食　盐	…………………	适量
淀　粉	…………………	适量

温馨提示

砂仁含有挥发油，其成分主要有柠檬烯、芳樟醇、乙酸龙脑酯等。除有浓烈芳香气味和强烈辛辣外，有化湿醒脾、行气和胃、消食的作用。

养生功效

此款汤水具有健脾暖胃、化湿醒脾、行气和胃、消食行滞的功效；用于脾胃湿滞引起的脘闷呕恶、脾胃气滞引起的脘腹胀痛、不思饮食等症。

制作步骤

 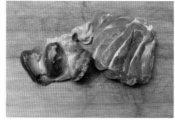 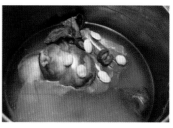

① 陈皮、山楂、扁豆分别洗净。

② 将鸭肾用清水洗干净；猪腱洗净，飞水。

③ 煲内注入适量清水煮沸，放入全部材料煮沸后改慢火煲2小时，加盐调味即可。

扁豆山楂肾肉汤

养生功效

　　此款汤水具有开胃健脾、行瘀消滞、去湿强筋、活血化瘀等功效；此汤一般人群皆可饮用，特别适宜上腹饱胀、消化不良者。

原料

鲜鸭肾	3个
猪腱肉	300克
扁　豆	60克
山　楂	50克
陈　皮	1小块
食　盐	适量

温馨提示

　　鸭肾的主要营养成分有碳水化合物、蛋白质、脂肪、烟酸、维生素C、维生素E和钙、镁、铁、钾、磷、钠、硒等矿物质。鸭肾铁元素含量较丰富，女性可以适当多食用一些；但一次食用不可过多，否则不易消化；鲜鸭肾清洗时要剥去内壁黄皮。

砂仁瘦肉汤

原 料

猪瘦肉500克，砂仁30克，老姜2片，食盐适量。

制作步骤

① 猪瘦肉洗净，切成块。
② 砂仁洗净，打碎待用。
③ 把适量清水煮沸，放入全部材料煮沸后改慢火煲40分钟，加盐调味即可。

养生功效

此款汤水具有健脾暖胃、行气和胃、消食行滞、降逆止呕的功效，适用于脾胃虚弱引起的嗳气呃逆、便溏泄泻、脘腹冷痛者饮用。

温馨提示

砂仁是一种较为温和的草药，以个大、坚实、饱满、香气浓、搓之果皮不易脱落者为佳。

冬瓜瘦肉汤

原 料

猪瘦肉400克，冬瓜500克，头菜100克，食盐适量。

制作步骤

① 猪瘦肉洗净，切成块。
② 头菜浸泡30分钟，洗净，切成条丝状；冬瓜去皮、瓤，洗净切片。
③ 把适量清水煮沸，放入全部材料煮沸后改慢火煲1小时，加盐调味即可。

养生功效

此款汤水具有开胃健脾、清肠通便、开胃消食之功效；适用于胃口欠佳、大便不畅者饮用。

温馨提示

冬瓜是一种解热利尿比较理想的日常食物，连皮一起煮汤，效果更明显。

柿蒂瘦肉汤

原料

猪瘦肉500克，柿蒂20克，红参须15克，蜜枣20克，食盐适量。

制作步骤

1. 猪瘦肉洗净，切成块。
2. 柿蒂、红参须浸泡，洗净；蜜枣洗净。
3. 把适量清水煮沸，放入全部材料煮沸后改慢火煲3小时，加盐调味即可。

养生功效

此款汤水具有健脾暖胃、降逆止呕、补中益气之功效；适用于脾胃虚寒、胃气上逆引起的呃逆频作、胸闷呕恶、胃脘冷感者饮用。

温馨提示

柿蒂又称柿钱、柿丁、柿子把、柿萼，为柿科植物柿的宿存花萼，果实成熟时采摘，晒干。

芥菜瘦肉汤

原料

猪瘦肉350克，芥菜500克，咸蛋1只，食盐适量。

制作步骤

1. 猪瘦肉洗净，切片。
2. 芥菜洗净，切段；咸蛋去壳备用。
3. 将适量清水放入煲内，煮沸后加入以上材料，猛火煲滚后改用慢火煲1小时，加盐调味即可。

养生功效

此款汤水具有化痰下气、降火止咳、除烦解渴、清热下火之功效；特别适宜咽干口苦、烟酒过多、咳嗽痰黄、便结尿少者饮用。

温馨提示

芥菜性温，味辛；有宣肺豁痰、利气温中、解毒消肿、开胃消食、明目利膈的功效。

红枣芪淮鲈鱼汤

原料

鲈　鱼	……………	1条
红　枣	……………	30克
北　芪	……………	20克
淮　山	……………	20克
生　姜	……………	2片
食　盐	……………	适量

温馨提示

　　鲈鱼肉质白嫩、清香，没有腥味，肉为蒜瓣形，最宜清蒸、红烧或煲汤；为了保证鲈鱼的肉质洁白，宰杀时应把鲈鱼的鳃夹骨斩断，倒吊放血。

养生功效

　　此款汤水具有健脾和胃、益气养血、补气行滞、去瘀散结、利水消肿等功效；特别适合气血不足、脾胃虚弱、神疲乏力、腹胀纳差、消化不良者饮用。

制作步骤

❶北芪、淮山提前浸泡，洗净；红枣去核，洗净。

❷鲈鱼常规处理后洗净，烧锅下花生油、姜片，将鲈鱼煎至金黄色。

❸煲内注入适量清水煮沸，加入全部材料煮沸后改用慢火煲1小时，加盐调味即可。

制作步骤

❶ 栗子去硬壳，用热水烫过，去衣，洗净；蜜枣浸泡，洗净。

❷ 鲜鸡洗净，斩成大件，待用。

❸ 将适量清水煮沸，加入全部材料，猛火煲滚后改用慢火煲2小时，加盐调味即可。

栗子煲鸡汤

原料

鲜　鸡……………… 1只
栗　子……………… 300克
食　盐……………… 适量
蜜　枣……………… 15克

温馨提示

鲜鸡肉质细嫩，滋味鲜美，蛋白质量颇多，是属于高蛋白、低脂肪的食品，氨基酸含量也很丰富，因此可弥补牛肉及猪肉的营养的不足。

养生功效

此款汤水具有滋润养生、健脾养胃、补肾强心之功效；特别适宜身体虚弱、食欲缺乏、吐血便血者饮用。

海带猪蹄汤

原料

猪蹄肉500克，海带100克，绿豆100克，生姜2片，食盐适量。

制作步骤

① 海带洗净浸泡2小时，切段。

② 猪蹄肉洗净，切块，飞水。

③ 将适量清水放入煲内，煮沸后加入以上材料，猛火煲滚后改用慢火煲2小时，加盐调味即可。

养生功效

此款汤水具有清热润肺、软坚化痰、生津止渴、消暑除烦、行水祛湿之功效；特别适宜暑热烦渴、湿热泄泻、疮痈肿毒者饮用。

温馨提示

猪蹄肉就是猪手以上部位的肉，一般带皮一起烹调。

金银菜猪肺汤

原料

猪肺750克，白菜250克，白菜干50克，南北杏仁30克，蜜枣30克，食盐适量。

制作步骤

① 白菜干浸开，洗净切段；白菜、南北杏仁、蜜枣洗净。

② 猪肺洗净，切成块状，飞水。

③ 将适量清水放入煲内，煮沸后加入以上材料，猛火煲滚后改用慢火煲3小时，加盐调味即可。

养生功效

此款汤水具有清燥润肺、祛痰止咳、防治便秘之疗效；特别适宜燥热咳嗽、老年人及产妇便秘、体虚乏力、慢性咳喘者饮用。

温馨提示

白菜含有丰富的钙、磷、铁，质地柔嫩，味道清香，为大众蔬菜。白菜干是白菜晒干而成的，富含粗纤维，有消燥除热、通利肠胃、下气消食的作用。

苹果杏仁生鱼汤

原料

生鱼500克，猪瘦肉250克，苹果250克，南北杏仁40克，生姜2片，食盐适量。

制作步骤

❶ 南北杏仁浸泡，洗净；苹果去皮、核，切成大块；猪瘦肉洗净，飞水。

❷ 生鱼去鳞、鳃、内脏，洗净；烧锅下油、姜片，将生鱼煎至金黄色。

❸ 将适量清水放入煲内，煮沸后加入以上材料，猛火煲滚后改用慢火煲3小时，加盐调味即可。

养生功效

此款汤水具有润肺止咳、滋阴润燥、生津解渴之功效；特别适宜肺燥咳嗽、口干烦躁、头晕失眠者饮用。

温馨提示

南北杏仁均有润肺、止咳之功效，苹果清热润肺作用也很明显，和生鱼、瘦肉煲汤，功效显著。

霸王花蜜枣猪肺汤

原料

猪肺750克，霸王花50克，蜜枣20克，食盐适量。

制作步骤

❶ 霸王花浸泡1小时，择洗干净；蜜枣洗净。

❷ 猪肺洗净，切成块状。

❸ 锅置火上，加入适量清水煮沸后，放入以上材料，猛火煲滚后改用慢火煲3小时，然后加盐调味即可。

养生功效

此款汤水具有清燥润肺、化痰止咳、益气生津之功效；特别适宜肺热、肺燥引起的咳嗽、多痰者饮用。

温馨提示

霸王花又名剑花，是广东肇庆有名的特产，能清热润燥、润肺止咳、清热痰、除积热，对肺热、肺燥引起的有痰或无痰咳嗽，均有食疗作用。

白术茯苓猪肚汤

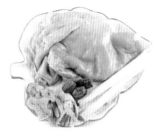

猪　　肚	·················	1具
白　　术	·················	40克
茯　　苓	·················	40克
淮　　山	·················	30克
北　　芪	·················	10克
蜜　　枣	·················	10克
食　　盐	·················	适量

温馨提示

　　茯苓，自古被视为"中药八珍"之一。以体重坚实、外皮色棕褐、皮纹细、无裂隙、断面白色细腻、粘牙力强者为佳。

养生功效

　　此款汤水具有开胃消食、健脾益气、燥湿利水、温中补气、固表止汗等功效；特别适合由于脾胃虚弱引起的大便溏泄、食少腹胀、胸闷欲呕、神疲乏力、气虚自汗者饮用。

制作步骤

❶把猪肚翻转过来，用盐、淀粉搓擦，然后用水冲洗，反复几次。

❷茯苓、白术、淮山、北芪、蜜枣浸泡，洗净。

❸把适量清水煮沸，放入全部材料煮沸后改慢火煲2小时，加盐调味即可。

麦芽鲜鸡肾汤

鲜鸡肾·················300克
麦　芽················· 60克
灯芯草················· 8只
蜜　枣················· 20克
食　盐················· 适量
淀　粉················· 适量

温馨提示

　　鲜鸡肾内所带的鸡内金能消食化积；鲜鸡肾买回后，需用少许花生油、淀粉搓擦，反复几次，然后洗净，飞水，以去除异味。

养生功效

　　此款汤水具有开胃消滞、清除心火、生津除烦之功效；适用于食欲欠佳、心情烦躁者饮用。

制作步骤

❶麦芽、灯芯草提前1小时浸泡，洗净；蜜枣洗净。

❷鲜鸡肾用少许花生油、淀粉搓擦，以去除异味，洗净，飞水。

❸把适量清水煮沸，放入全部材料煮沸后改慢火煲3小时，加盐调味即可。

制作步骤

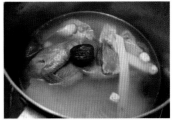

❶ 猪瘦肉洗净，飞水；鹌鹑去毛、内脏，洗净，飞水。

❷ 莲子浸泡1小时，洗净去心；淮山浸泡1小时，洗净；蜜枣洗净。

❸ 把适量清水煮沸，放入全部材料煮沸后改慢火煲3小时，加盐调味即可。

莲子淮山鹌鹑汤

原料

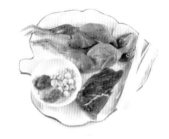

鹌 鹑	500克
猪瘦肉	200克
莲 子	60克
淮 山	50克
蜜 枣	20克
食 盐	适量

温馨提示

淮山富含黏蛋白、淀粉酶、皂苷、游离氨基酸的多酚氧化酶等物质，为病后康复食补之佳品。淮山几乎不含脂肪，所含黏蛋白能预防心血管系统的脂肪沉积，防止动脉硬化。食用淮山还能增加人体T淋巴细胞，增强免疫力，延缓细胞衰老。

养生功效

此款汤水具有消食化滞、健脾开胃、补中益气、补脾止泻之功效；适用于脾胃虚弱、消化不良、食欲缺乏者饮用。

制作步骤

❶ 莲子、芡实、百合、蜜枣洗净，待用。

❷ 排骨头洗净，斩件待用。

❸ 把适量清水煮沸，放入全部材料煮沸后改慢火煲2小时，加盐调味即可。

莲子百合芡实排骨汤

原料

排　　骨	……………………	500克
莲　　子	……………………	50克
百　　合	……………………	30克
芡　　实	……………………	20克
蜜　　枣	……………………	20克
食　　盐	……………………	适量

温馨提示

莲子中所含的棉籽糖，是老少皆宜的滋补品，对于久病、产后或老年体虚者，更是常用营养佳品；莲子碱有平抑性欲的作用，对于青年人梦多，遗精频繁或滑精者，有良好的止遗涩精作用。

 养生功效

此款汤水具有健胃益脾、滋养补虚、补脾止泄、利湿健中、止遗涩精等功效；适宜脾气虚、慢性腹泻之人饮用。

百合鸡蛋汤

原料

鸡蛋2只，百合60克，柿饼1个，食盐适量。

制作步骤

① 柿饼洗净，切成小块；百合洗净。

② 鸡蛋煮熟后去壳。

③ 将适量清水放入煲内，煮沸后加入以上材料，猛火煲滚后改用慢火煲1小时，加盐调味即可。

养生功效

此款汤水具有润肺解燥、益肺下气、清痰降火之功效；特别适宜肺虚久咳、干咳少痰、咽红口燥者饮用。

温馨提示

煮鸡蛋的时候火不能太大，一般用中火较为合适，猛火煮鸡蛋容易将蛋壳煮破。

萝卜杏仁猪肺汤

原料

猪肺500克，白萝卜300克，南北杏仁30克，红枣20克，食盐适量。

制作步骤

① 白萝卜去皮，洗净切块；杏仁洗净；大枣去核，洗净。

② 猪肺洗净，切成块状，飞水。

③ 将适量清水放入煲内，煮沸后加入以上材料，猛火煲滚后改用慢火煲2小时，加盐调味即可。

 养生功效

此款汤水具有滋阴补肺、润肺解燥、止咳化痰、消滞行气之功效；特别适宜肺虚久咳、神疲无力者饮用。

温馨提示

白萝卜忌与人参、西洋参同食；白萝卜主泻、胡萝卜为补，所以二者最好不要同食。若要一起吃时应加些醋来调和，以利于营养吸收。

海底椰贝杏鹌鹑汤

原料

鹌鹑500克，海底椰20克，川贝母20克，杏仁15克，蜜枣15克，食盐适量。

制作步骤

① 鹌鹑去毛、内脏，洗净。

② 海底椰洗净，浸泡；川贝母洗净，打碎；杏仁、蜜枣洗净。

③ 将适量清水放入煲内，煮沸后加入以上材料，猛火煲滚后改用慢火煲2小时，加盐调味即可。

养生功效

此款汤水具有清热生津、益肺降火、清燥润肺、除烦醒酒之功效；特别适宜口苦口臭、胸闷胸痛、神志不爽、口咽干燥者饮用。

温馨提示

杏仁有小毒，煲汤前多用温水浸泡，除去皮、尖，以减少毒性，且不宜食用过量。

罗汉果猪肺汤

原料

猪肺500克，罗汉果30克，菜干50克，南北杏仁15克，食盐适量。

制作步骤

① 菜干浸开，洗净切段；罗汉果、南北杏仁洗净。

② 猪肺洗净，切成块状，飞水。

③ 将适量清水放入煲内，煮沸后加入以上材料，猛火煲滚后改用慢火煲2小时，加盐调味即可。

养生功效

此款汤水具有清肺润肠、补肺化痰、止咳防喘之功效；特别适宜干咳无痰、咳嗽痰少、鼻咽干燥、胸痛者饮用。

温馨提示

猪肺买回来之后，应从气管部灌入清水，用力挤压，反复多次，再用淀粉洗净后方可用于烹制。

花生煲猪肚汤

原料

猪 肚	……………	1个
花 生	……………	200克
生 姜	……………	2片
食 盐	……………	适量

温馨提示

花生又名落花生、地果、唐人豆。花生可滋养补益、延年益寿，所以民间又称"长生果"，并且和黄豆一样被誉为"植物肉"、"素中之荤"。花生含有大量的蛋白质和脂肪，特别是不饱和脂肪酸的含量很高，很适宜制作各种营养食品。

养生功效

此款汤水气味醇和，具有醒脾和胃、滋养调气、补中益气、健胃润肠、滋阴祛燥等功效；特别适合胃溃疡患者饮用。

制作步骤

❶ 把猪肚翻转过来，用盐、淀粉搓擦，然后用水冲洗，反复几次，至异味去除。

❷ 煲内注入适量清水，放入猪肚、姜片煮15分钟，捞出猪肚切块。

❸ 把适量清水煮沸，放入猪肚、花生煮沸后改慢火煲2小时，加盐调味即可。

制作步骤

❶ 把猪肚翻转过来，用盐、淀粉搓擦，然后用水冲洗，反复几次。

❷ 党参、淮山、胡椒粒、蜜枣浸泡，洗净。

❸ 把适量清水煮沸，放入全部材料煮沸后改慢火煲2.5小时，加盐调味即可。

党参淮山猪肚汤

原 料

猪　　肚	………………	1个
党　　参	………………	40克
淮　　山	………………	30克
胡椒粒	………………	10克
蜜　　枣	………………	15克
食　　盐	………………	适量
淀　　粉	………………	适量

温馨提示

党参对神经系统有兴奋作用，能增强机体抵抗力。以根肥大粗壮、肉质柔润、香气浓、甜味重、无渣者为佳。

🏅 养生功效

此款汤水具有补气健脾、温中暖胃、祛风止痛、增进食欲等功效；特别适合脾胃虚弱引起的脘腹冷痛、口泛清涎、纳食欠佳、大便溏泄者饮用。

鸡骨草猪横脷汤

原料

猪横脷1条，猪瘦肉300克，鸡骨草40克，蜜枣20克，食盐适量。

制作步骤

① 鸡骨草提前30分钟浸泡，洗净；蜜枣洗净。

② 猪横脷泡水洗净，飞水，去除表面黏膜；猪瘦肉洗净，飞水。

③ 把适量清水煮沸，放入以上所有材料煮沸后改用慢火煲2小时，加盐调味即可。

养生功效

此款汤水具有清肝泻火、清热解毒、散瘀止痛之功效；特别适宜小便刺痛、胆囊炎、烟酒过多、倦怠口苦、烦躁易怒、食欲缺乏者饮用。

温馨提示

猪横脷又称猪胰子，是猪的胰腺，扁平长条形，长约12厘米，粉红色，上面挂些白油。使用猪横脷之前，必须泡水并彻底清洗。

夏枯草脊骨汤

原料

猪脊骨750克，夏枯草30克，菊花15克，蜜枣15克，食盐适量。

制作步骤

① 猪脊骨斩件，洗净，飞水。

② 菊花、夏枯草浸泡1小时，洗净；蜜枣洗净。

③ 将适量清水放入煲内，煮沸后加入以上材料，猛火煲滚后改用慢火煲3小时，加盐调味即可。

养生功效

此款汤水具有清肝泻火、清热解毒、降低血压、解郁散结之功效；特别适宜高血压、目赤肿痛、头涨头痛、肝火炽盛、口干口苦者饮用。

温馨提示

夏枯草用于煲汤，鲜品和干品皆可。干品需要浸泡后洗净；鲜品一般需用滚水焯过，凉水浸洗。

鸡骨草田螺瘦肉汤

原料

田螺750克，猪瘦肉250克，鸡骨草50克，蜜枣30克，食盐适量。

制作步骤

❶ 猪瘦肉洗净，切大块。

❷ 鸡骨草浸泡，洗净；蜜枣洗净；田螺剪去螺顶，洗净。

❸ 将适量清水放入煲内，煮沸后加入以上材料，猛火煲滚后改用慢火煲2小时，加盐调味即可。

🏺 养生功效

此款汤水具有清泻肝火、祛湿利水、解酒除烦、滋阴养肝之功效；特别适宜口干口苦、烟酒过多、烦躁易怒、肝火盛者饮用。

温馨提示

螺肉含有丰富的维生素A、蛋白质、铁和钙，对目赤、黄疸、脚气、痔疮等疾病有食疗作用；吃螺不可饮用冰水，否则会导致腹泻。

枸杞鸡蛋汤

原料

鸡蛋2只，枸杞子30克，食盐适量。

制作步骤

❶ 枸杞洗净，浸泡30分钟；鸡蛋去壳，搅成蛋液。

❷ 将适量清水放入煲内，煮沸后放入枸杞子煮10分钟。

❸ 淋入蛋液，搅拌均匀，加盐调味即可。

🏺 养生功效

此款汤水四季适合，老少咸宜，具有滋阴养肝、益眼明目、益气安神之功效；特别适宜肝阴不足引起的视物不清、视物昏花者饮用。

温馨提示

枸杞子含有丰富的胡萝卜素、维生素A、维生素B_1、维生素B_2、维生素C和钙、铁等眼睛保健的必需营养，故擅长明目，所以俗称"明眼子"。

节瓜咸蛋瘦肉汤

原料

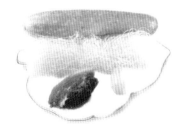

猪瘦肉·················500克
咸　蛋················· 1只
节　瓜·················400克
粉　丝················· 60克
食　盐················· 适量

温馨提示

　　咸蛋能滋阴、清热降火，煲汤时咸蛋黄可以先放，蛋白后放，务求将其煮熟和煲出味道，但不宜煲得太久，以免过老，影响口感。

养生功效

　　此款汤水具有醒胃开胃、清热生津、促进消化之功效；适用于消化不良、胃口欠佳者经常饮用。

制作步骤

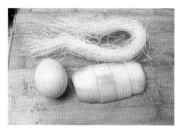

❶节瓜去皮，切成片状；粉丝洗净；咸蛋洗净，备用。

❷猪瘦肉洗净，切片。

❸清水煮沸后放入节瓜、咸蛋，煮沸后，取出咸蛋，去壳后放入煮20分钟，加入粉丝、瘦肉煲20分钟，加盐调味即可。

胡萝卜猪腱汤

原料

猪腱肉·················500克
胡萝卜·················300克
蜜 枣·················20克
陈 皮·················1小快
食 盐·················适量

温馨提示

胡萝卜的品种很多，按色泽可分为红、黄、白、紫等数种，我国栽培最多的是红、黄两种。胡萝卜以质细味甜、脆嫩多汁、表皮光滑、形状整齐、心柱小、肉厚、不糠、无裂口和病虫伤害的为佳。

养生功效

此款汤水清润鲜甜，具有清热消滞、利水开胃、理气和中、祛痰利气、利水通便等功效；特别适合脾胃不和、脘腹胀痛、不思饮食、呕吐哕逆者饮用。

制作步骤

❶陈皮浸泡，洗净；胡萝卜去皮，洗净切块。

❷猪腱肉洗净，切大块待用。

❸把适量清水煮沸，放入全部材料煮沸后改慢火煲2小时，加盐调味即可。

制作步骤

❶ 把猪肚翻转过来，用盐、淀粉搓擦，然后用水冲洗，反复几次，至异味去除。

❷ 酸菜洗净，切成丝状；腐竹、白果洗净。

❸ 放入猪肚、姜片，煲开后改用慢火煲2.5小时，加入酸菜、腐竹、白果，再煲30分钟，加盐调味即可。

酸菜腐竹猪肚汤

原料

猪　肚	……………	1个
酸　菜	……………	150克
腐　竹	……………	80克
白　果	……………	30克
老　姜	……………	2片
食　盐	……………	适量
淀　粉	……………	适量

温馨提示

白果能清肠胃之浊气而止咳定喘；白果有小毒，这是由于其含有银杏酸和银杏醇所致，充分煮熟能使毒性减少，但亦不能过服，以免中毒。

养生功效

此款汤水具有醒胃开胃、消食行滞、健脾益气等功效；适用于消化不良、胃口欠佳者常饮。

制作步骤

① 猪瘦肉洗净，切成块，飞水，备用。

② 玉米洗净切成小段；胡萝卜去皮，洗净切块；银耳用水泡发，洗净撕成小朵。

③ 把适量清水煮沸，放入全部材料煮沸后改慢火煲2小时，加盐调味即可。

胡萝卜玉米瘦肉汤

原料

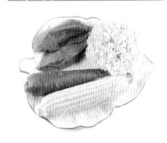

猪瘦肉	400克
胡萝卜	200克
玉　米	100克
银　耳	30克
食　盐	适量

温馨提示

玉米可生食，亦可熟食，但熟食更佳，烹调尽管使玉米损失了部分维生素C，却使之获得了更有营养价值的抗氧化活性剂。同时，玉米不宜单独长期食用过多。

养生功效

此款汤水具有健脾开胃、促进消化、清热生津、润肠通便等功效；适用于食欲缺乏、干眼症、营养不良、皮肤粗糙者饮用。

养生功效

此款汤水具有养肝明目、健脾补脑、宁神定志、清心降火之功效；适宜身体疲劳引致的口苦咽干、注意力不集中、记忆力下降、烦躁不安、口舌生疮者饮用。

苦瓜瘦肉汤

原料

猪瘦肉400克，苦瓜200克，食盐适量。

制作步骤

① 先将猪瘦肉洗净，切成厚片。
② 苦瓜洗净，切开去瓤和籽，切长段。
③ 把适量清水煮沸，放入猪瘦肉、苦瓜煮沸后改慢火煲45分钟，加盐调味即可。

养生功效

此款汤水具有清肝明目、利尿凉血、解劳清心、滋阴润燥、促进饮食之功效；适宜目赤肿痛、烦躁口渴者饮用。

苦瓜黄豆田鸡汤

原料

田鸡500克，苦瓜300克，黄豆100克，蜜枣20克，食盐适量。

制作步骤

① 苦瓜洗净，切开去瓤和籽，切块；黄豆提前1小时浸泡，洗净；蜜枣洗净。
② 田鸡去头、皮、内脏，洗净斩成小件。
③ 把适量清水煮沸，放入以上所有材料煮沸后改慢火煲2小时，加盐调味即可。

温馨提示

田鸡因肉质细嫩胜似鸡肉，故称田鸡。田鸡含有丰富的蛋白质、糖类、水分和少量脂肪，肉味鲜美，现在食用的田鸡大多为人工养殖。田鸡肉中易有寄生虫卵，一定要加热至熟透再食用。

温馨提示

苦瓜中的苦瓜苷和苦味素能增进食欲；所含的生物碱类物质奎宁，有利尿、消炎退热的功效。

金银花瘦肉汤

原料

猪瘦肉500克，菜干50克，金银花30克，蜜枣20克，食盐适量。

制作步骤

❶ 瘦肉洗净，切成厚片，飞水。

❷ 菜干用水浸泡1小时，洗净；金银花、蜜枣洗净。

❸ 将适量清水放入煲内，煮沸后加入以上材料，猛火煲滚后改用慢火煲2小时，加盐调味即可。

🏮 养生功效

此款汤水具有清热透表、清肝明目、解毒利咽之功效；特别适宜温热表证、发热烦渴、肝火旺盛者饮用。

温馨提示

金银花以花蕾大、含苞欲放、色黄白、质柔软、香气浓者为佳。

赤小豆杞子泥鳅汤

原料

泥鳅500克，赤小豆75克，枸杞子25克，蜜枣15克，食盐适量。

制作步骤

❶ 赤小豆、枸杞子提前浸泡，洗净；蜜枣洗净。

❷ 泥鳅洗净，飞水，去除体表黏腻物，烧锅下油，将泥鳅煎至金黄色。

❸ 将适量清水放入煲内，煮沸后加入以上材料，猛火煲滚后改用慢火煲2小时，加盐调味即可。

🏮 养生功效

此款汤水具有补益护肝、益眼明目、补血养血之功效；特别适宜肝血不足引起的头晕眼花、视物模糊者饮用。

温馨提示

枸杞子一年四季皆可服用，冬季宜煮粥，夏季宜泡茶，用于煲汤则四季皆宜。

番茄鹌鹑蛋汤

养生功效

此款汤水具有清热消滞、开胃健脾、生津止渴、滋阴润燥等功效；特别适合消化不良、胃口欠佳者饮用。

原料

鹌鹑蛋	10个
番　茄	250克
紫　菜	20克
食　盐	适量

温馨提示

选择番茄，一般以果形周正，无裂口、虫咬，成熟适度，酸甜适口，肉肥厚，心室小者为佳；煲汤宜选择成熟适度的番茄，不仅口味好，而且营养价值高。

制作步骤

❶ 番茄洗净，切成片状；紫菜提前15分钟浸泡，洗净。

❷ 鹌鹑蛋磕入碗中，搅匀成蛋液。

❸ 锅中加入适量清水烧沸，放入番茄、紫菜、花生油，用大火煮约15分钟，再淋入鹌鹑蛋液搅匀至熟，加盐调味即可。

制作步骤

❶老黄瓜连皮洗净，切开去瓤和籽，切长段；红枣去核洗净。

❷将老鸭宰杀，去毛、内脏，清洗干净。

❸把适量清水煮沸，放入全部材料煮沸后改慢火煲2小时，加盐调味即可。

老黄瓜煲老鸭汤

原料

老 鸭	·············	1只
老黄瓜	·············	500克
红 枣	·············	20克
食 盐	·············	适量

温馨提示

　　老黄瓜可清热解暑，烹制前宜削去头尾部分，这样煲出来的汤才不会有苦味；老黄瓜以粗壮、皮色金黄为上品。

养生功效

　　此款汤水味道鲜甜，具有去积行滞、清热解暑、开胃消食之功效；适用于食欲缺乏、体质虚弱、大便干燥者饮用。

苦瓜猪骨生鱼汤

原料

生鱼300克，猪骨500克，苦瓜300克，蜜枣20克，陈皮1小块，食盐适量。

制作步骤

❶ 洗净猪骨，斩成大件，飞水。

❷ 生鱼去除鳃、内脏，洗净；苦瓜去瓤，洗净切块；蜜枣、陈皮洗净。

❸ 将适量清水放入煲内，煮沸后加入以上材料，猛火煲滚后改用慢火煲2小时，加盐调味即可。

🏺 养生功效

此款汤水具有明目解毒、清热凉血、清热祛暑、解劳清心之功效；特别适宜暑热烦渴、目赤肿痛、痈肿丹毒、少尿者饮用。

温馨提示

猪骨要先用滚水氽烫一下再过冷水冲净，这样一方面可以去除血水和杂质，另外，还可以让肉质紧缩，在煲汤时比较耐煮，不易散烂。

石斛杞子瘦肉汤

原料

猪瘦肉500克，石斛20克，枸杞子30克，虫草花15克，蜜枣15克，食盐适量。

制作步骤

❶ 猪瘦肉洗净，切成厚片。

❷ 石斛、虫草花、枸杞子浸泡，洗净；蜜枣洗净。

❸ 将适量清水放入煲内，煮沸后加入以上材料，猛火煲滚后改用慢火煲2小时，加盐调味即可。

养生功效

此款汤水具有滋阴补虚、养肝护肝、益精明目之功效；特别适宜阴血不足引起的视物不清、视力疲劳、视力下降者饮用。

温馨提示

有酒味的枸杞子已经变质，不可食用；本汤补益，外感发热、肝火盛者慎用。

芹菜苦瓜瘦肉汤

原料

猪瘦肉500克，芹菜250克，苦瓜250克，食盐适量。

制作步骤

1. 猪瘦肉洗净，切片。
2. 苦瓜去瓤，洗净切厚片；芹菜洗净，切成短条。
3. 将适量清水放入煲内，煮沸后加入以上材料，猛火煲滚后改用慢火煲1小时，加盐调味即可。

养生功效

此款汤水具有清肝降火、消脂降压之功效；特别适宜高血脂、高血压、糖尿病症见头晕面赤、口干舌燥、烦躁失眠者饮用。

温馨提示

苦瓜味苦，如怕煲出来的汤苦味过重，可以在投入煲汤之前用盐腌制、手抓一下，用清水清洗后再使用。

夜明砂鸡肝汤

原料

鸡肝300克，夜明砂10克，枸杞子30克，蜜枣15克，食盐适量。

制作步骤

1. 夜明砂拣去砂土、杂质，洗净；枸杞子、蜜枣洗净。
2. 鸡肝洗净，飞水。
3. 将适量清水放入煲内，煮沸后加入以上材料，猛火煲滚后改用慢火煲2小时，加盐调味即可。

养生功效

此款汤水具有益肝养肝、明目退翳、滋润补血之功效；特别适宜由于肝血不足引起的夜盲症、视物不清者饮用。

温馨提示

动物的肝脏均含有丰富的维生素A，汤中鸡肝也可用猪肝、羊肝等动物肝脏代替。

冬瓜冲菜瘦肉汤

原料

瘦　肉……………	450克
冬　瓜……………	500克
冲　菜……………	100克
食　盐……………	适量

温馨提示

　　冲菜经腌制后含盐分较重，与冬瓜煲成汤，既可醒胃、开胃，又能补钠，以平衡机体的缺水状态。

养生功效

　　此款汤水具有健脾开胃、消暑清热、生津除烦之功效；特别适宜暑天烦渴、胸闷胀满、食欲欠佳者饮用。

制作步骤

❶瘦肉洗净，切片。

❷冬瓜去瓤，连皮洗净切块；冲菜洗净，切成条。

❸将适量清水放入煲内，煮沸后加入以上材料，猛火煲滚后改用慢火煲1.5小时，加盐调味即可。

芡实煲猪肚汤

原料

猪　肚	………………	1个
芡　实	………………	50克
莲　子	………………	50克
红　枣	………………	20克
食　盐	………………	适量
淀　粉	………………	适量

温馨提示

　　猪肚为猪的胃。猪肚含有蛋白质、脂肪、碳水化合物、维生素及钙、磷、铁等，具有补虚损、健脾胃的功效，适用于气血虚损、身体瘦弱者食用。

养生功效

　　此款汤水具有健脾开胃、补虚平损、补益心肾之功效；特别适合脾胃虚弱、不思饮食、心烦口渴、心悸失眠、胃溃疡、十二指肠溃疡者饮用。

制作步骤

❶ 把猪肚翻转过来，用盐、淀粉搓擦，然后用水冲洗，反复几次，至异味去除。

❷ 红枣洗净，去核；莲子浸泡1小时，洗净去心；芡实洗净。

❸ 把适量清水煮沸，放入全部材料煮沸后改慢火煲2小时，加盐调味即可。

制作步骤

❶ 光鸭洗净，斩成大块，飞水；瘦肉洗净，切块，飞水。

❷ 干贝用温水浸开，洗净；陈皮洗净，冬瓜去皮、瓤，洗净，带皮切成大块。

❸ 将适量清水放入煲内，煮沸后加入以上材料，猛火煲滚后改用慢火煲3小时，加盐调味即可。

干贝冬瓜煲鸭汤

原 料

鸭　　肉	1000克
瘦　　肉	300克
冬　　瓜	1000克
干　　贝	50克
陈　　皮	1块
食　　盐	适量

温馨提示

陈皮用作调味料，有增香添味、去腥解腻的作用，以片大、色鲜、油润、质软、香气浓者为佳。

养生功效

此款汤水具有润肺生津、化痰止咳、祛暑清热、利水消炎、解毒排脓的功效；特别适宜痰热咳喘、暑热口渴、水肿、脚气、胀满者饮用。

制作步骤

① 猪肉洗净，切块，飞水。

② 党参、生地黄、麦冬洗净；红枣去核，洗净。

③ 将适量清水放入煲内，煮沸后加入以上材料，猛火煲滚后改用慢火煲1.5小时，加盐调味即可。

党参麦冬瘦肉汤

原料

猪瘦肉	750克
党　参	60克
麦　冬	40克
生地黄	30克
红　枣	20克
食　盐	适量

温馨提示

选购党参以根肥大粗壮、肉质柔润、香气浓、甜味重、无渣者为佳；党参不宜与藜芦同用。

养生功效

此款汤水具有滋阴润肺、生津止渴、健脾养胃、清心除烦之功效；特别适宜内热消渴、津伤口渴、脾胃虚弱、心烦失眠者饮用。

淮山圆肉生鱼汤

原料

生鱼500克，猪瘦肉250克，淮山30克，桂圆肉25克，生姜3片，食盐适量。

制作步骤

① 淮山、桂圆肉洗净，浸泡30分钟；猪瘦肉洗净，切成块状。

② 生鱼去鳞、鳃、内脏，洗净；烧锅下油、姜片，将生鱼煎至金黄色。

③ 将适量清水放入煲内，煮沸后加入以上材料，猛火煲滚后改用慢火煲2小时，加盐调味即可。

养生功效

此款汤水具有养肝护肝、补脾滋阴、益心安神之功效；特别适宜肝硬化、慢性肝炎、食欲缺乏、贫血心悸者饮用。

温馨提示

桂圆肉有补益作用，对病后需要调养及体质虚弱的人有辅助疗效；有上火发炎症状时不宜食用，怀孕时不宜过多食用。

枸杞猪心汤

原料

猪心300克，枸杞子100克，老姜2片，食盐适量。

制作步骤

① 猪心切成两半，清洗干净。

② 枸杞子提前10分钟浸泡，洗净待用。

③ 把适量清水煮沸，放入所有材料煮沸后改慢火煲40分钟，加盐调味即可。

养生功效

此款汤水具有养心益智、养血安神、健脑补脑、生津除烦之功效；适宜阴血虚少、心肝火旺引起的心烦心悸、头晕目眩、失眠、记忆力下降者饮用。

温馨提示

猪心通常有股异味，如果处理不好，煲出来的汤味道就会大打折扣。可在买回猪心后，用少量面粉滚一下，放置1小时左右，再用清水洗净，这样才会味美纯正。

灵芝瘦肉汤

原料

猪瘦肉500克，灵芝30克，蜜枣25克，食盐适量。

制作步骤

① 猪瘦肉洗净，切厚片。

② 蜜枣洗净；灵芝浸泡2小时，洗净，切成条状。

③ 把适量清水煮沸，放入以上所有材料煮沸后改慢火煲2小时，加盐调味即可。

养生功效

此款汤水具有养心安神、健脑补脑、益神助志、益阴固本之功效；适宜健忘失眠、头晕心悸、神经衰弱、精神疲劳、记忆力减退、抵抗力低下者饮用。

温馨提示

灵芝含有多种氨基酸、蛋白质、生物碱、香豆精、甾类、三萜类、挥发油、甘露醇、树脂及糖类、维生素B_2、维生素C、内酯和酶类；可养心安神、润肺益气、滋肝健脾，主治虚劳体弱、神疲乏力、心悸失眠、头目昏晕、久咳气喘等症。

参麦黑枣乌鸡汤

原料

乌鸡500克，麦冬、西洋参、黑枣各20克，生姜2片，食盐适量。

制作步骤

① 乌鸡去毛及内脏，用清水浸洗干净，斩件，飞水。

② 西洋参洗净，切成片；黑枣去核，洗净；麦冬洗净；生姜切片。

③ 将适量清水放入煲内，煮沸后加入以上材料，猛火煲滚后改用慢火煲2小时，加盐调味即可。

养生功效

此款汤水具有宁心安神、益气养血、健脾和胃之功效；特别适宜经常心慌心跳、眩晕、失眠多梦、盗汗之力者饮用。

温馨提示

黑枣能补益脾胃、滋养阴血、养心安神，煲汤时将核去掉，目的是为了减少燥性。

霸王花猪骨汤

猪　　骨	500克
霸王花	50克
南北杏仁	30克
蜜　　枣	25克
食　　盐	适量

温馨提示

霸王花主要产于广东，为仙人掌科植物量天尺的花。煲汤可用鲜品，亦可用干品。选购时以朵大、色鲜明、味香甜者为佳。

养生功效

此款汤水具有清热润肺、化痰止咳、清凉滋补、清热解暑之功效；特别适宜喘促胸闷、虚劳咳喘、支气管炎、肠燥便秘者饮用。

制作步骤

❶ 霸王花浸泡1小时，洗净；南北杏仁、蜜枣洗净。

❷ 猪骨洗净，斩件。

❸ 将适量清水放入煲内，煮沸后加入以上材料，猛火煲滚后改用慢火煲3小时，加盐调味即可。

制作步骤

❶ 白菜干浸泡2小时，洗净；蜜枣洗净。

❷ 鸭肾洗净，切件；猪瘦肉洗净，切片。

❸ 将适量清水放入煲内，煮沸后加入以上材料，猛火煲滚后改用慢火煲2小时，加盐调味即可。

菜干鸭肾瘦肉汤

原料

鸭　　肾	300克
猪瘦肉	250克
白菜干	200克
蜜　　枣	25克
食　　盐	适量

温馨提示

鸭肾一次食用不可过多，否则不易消化；鲜鸭肾清洗时要剥去内壁黄皮。

养生功效

此款汤水具有止咳润肺、生津止渴、清燥健脾之功效；特别适宜口渴欲饮、咽喉干燥、干咳无痰者饮用。

莲子芡实猪心汤

原料

猪心400克，猪瘦肉200克，莲子、芡实各50克，蜜枣20克，食盐适量。

制作步骤

1. 猪心切成两半，清洗干净。
2. 猪瘦肉洗净；莲子、芡实提前浸泡，洗净；蜜枣洗净待用。
3. 把适量清水煮沸，放入以上所有材料煮沸后改慢火煲2小时，加盐调味即可。

养生功效

此款汤水具有安神益智、清心补脾、生津除烦、涩精止遗之功效；适宜疲劳引起的精神恍惚、注意力不集中、记忆力下降、夜梦遗精者饮用。

温馨提示

猪心是一种营养十分丰富的食品。它含有蛋白质、脂肪、钙、磷、铁、维生素B_1、维生素B_2、维生素C以及烟酸等，对加强心肌营养、增强心肌收缩力有很大的作用。

百合红枣鹌鹑汤

原料

鹌鹑2只，百合30克，红枣20克，食盐适量。

制作步骤

1. 鹌鹑去毛、内脏，洗净，飞水。
2. 红枣去核，洗净；百合浸泡，洗净。
3. 将适量清水放入煲内，煮沸后加入以上材料，猛火煲滚后改用慢火煲3小时，加盐调味即可。

养生功效

此款汤水具有养心安神、滋阴补血、养阴润肺之功效；特别适宜心血不足引起的眩晕、心悸怔忡、夜睡烦躁、精神恍惚者饮用。

温馨提示

百合为药食兼优的滋补佳品，四季皆可应用，但更宜于秋季食用；百合虽能补气，亦伤肺气，不宜多服。

太子参麦冬猪心汤

原料

猪心350克，太子参30克，麦冬20克，玉竹20克，食盐适量。

制作步骤

1. 猪心切成两半，洗净残留瘀血，飞水待用。
2. 太子参、麦冬、玉竹洗净。
3. 把适量清水煮沸，放入以上所有材料煮沸后改义火煲2小时，加盐调味即可。

养生功效

此款汤水具有安神定志、补中益气、养阴生津、清心泻火之功效；适宜阴血虚少引起的失眠、健忘、气短、汗多、心烦不安者饮用。

温馨提示

临床有关资料证明，许多心脏疾患与心肌的活动力正常与否有着密切的关系。猪心虽不能完全改善心脏器质性病变，但可以增强心肌营养，有利于功能性或神经性心脏疾病的痊愈。

荔枝桂圆鸡心汤

原料

鸡心250克，荔枝干30克，桂圆肉30克，食盐适量。

制作步骤

1. 鸡心剖开，清除瘀血，洗净。
2. 荔枝干去核，洗净；桂圆肉洗净。
3. 将适量清水放入煲内，煮沸后加入以上材料，猛火煲滚后改用慢火煲2小时，加盐调味即可。

养生功效

此款汤水具有濡养心血、益气养血之功效；特别适宜心血虚少引起的头晕眼花、心悸怔忡、胸闷恶心者饮用。

温馨提示

荔枝干益气养血，由于荔枝核较燥，煲汤时去掉核可减少其燥性。

百合杏仁猪肺汤

原料

猪　肺	750克
百　合	30克
杏　仁	30克
蜜　枣	20克
食　盐	适量

温馨提示

猪肺不要购买鲜红色的，鲜红色的是充了血，炖出来会发黑，最好选择颜色稍淡的猪肺。

养生功效

此款汤水具有滋阴润肺、止咳化痰、补中益气、清心安神之功效；特别适合肺虚咳嗽、久咳不止、痰浓气臭、肺气肿者饮用。

制作步骤

❶ 杏仁、百合、蜜枣洗净。

❷ 猪肺清洗干净，切件，飞水。

❸ 将适量清水放入煲内，煮沸后加入以上材料，猛火煲滚后改用慢火煲2小时，加盐调味即可。

冬瓜鲜鸡汤

鲜　鸡……………500克
冬　瓜……………500克
红　枣……………15克
食　盐……………适量

养生功效

此款汤水具有润肺生津、化痰止渴、清热解暑、利尿通便之功效；特别适宜暑热口渴、胸闷胀满、消渴者饮用。

温馨提示

冬瓜的品质，除早采的嫩瓜要求鲜嫩以外，一般晚采的老冬瓜则要求：发育充分，老熟，肉质结实，肉厚，心室小；皮色青绿，带白霜，形状端正，表皮无斑点和外伤，皮不软、不腐烂。

制作步骤

❶ 鲜鸡洗净，斩件。

❷ 冬瓜洗净，连皮切块；红枣去核，洗净。

❸ 将适量清水放入煲内，煮沸后加入以上材料，猛火煲滚后改用慢火煲1.5小时，加盐调味即可。

制作步骤

① 蜜枣、白果洗净，猪瘦肉洗净，切成大块。

② 猪肺清洗干净，切成块状，飞水。

③ 将适量清水放入煲内，煮沸后加入以上材料，猛火煲滚后改用慢火煲3小时，加盐调味即可。

白果猪肺汤

原料

猪　　肺	500克
猪瘦肉	250克
白　　果	20克
蜜　　枣	20克
生　　姜	3片
食　　盐	适量

温馨提示

　　白果即银杏，能敛肺定喘，止带缩尿，对肺虚、肺寒引起的咳嗽哮喘有较好的食疗作用，但白果有小毒，不宜过量食用。

养生功效

　　此款汤水具有润肺止咳、化痰、降逆下气之功效；特别适宜肺寒、咳嗽痰稀、咳嗽日久不愈、气喘乏力者饮用。

制作步骤

① 木瓜去皮、核，洗净切成块状。

② 将鲈鱼清洗干净，烧锅下花生油、姜片，将鲈鱼煎至金黄色。

③ 把适量清水煮沸，放入木瓜、鲈鱼煮沸后改慢火煲2小时，加盐调味即可。

木瓜鲈鱼汤

原料

鲈　鱼······················600克
木　瓜······················400克
老　姜························4片
食　盐······················适量

养生功效

　　此款汤水具有润肺化痰、健脾开胃、消食行滞之功效；适用于咳嗽有痰兼有食滞、消化不良、胃口欠佳者饮用。

温馨提示

　　木瓜富含17种以上氨基酸及钙、铁等，还含有木瓜蛋白酶、番木瓜碱等。半个中等大小的木瓜足供成人整天所需的维生素C。木瓜在中国素有"万寿果"之称，顾名思义，多吃可延年益寿。

当归酸枣仁猪心汤

原料

猪心1只，猪瘦肉300克，当归、酸枣仁各20克，红枣15克，食盐适量。

制作步骤

① 当归、酸枣仁洗净，浸泡；红枣去核，洗净。

② 猪心切成两半，清洗干净瘀血，飞水。

③ 将适量清水注入煲内煮沸，放入全部材料再次煮开后改慢火煲3小时，加盐调味即可。

养生功效

此款汤水具有安神益智、补血养心、消疲提神、健脑益智之功效；适宜记忆力减退、容易疲劳、心血不足、心悸失眠者饮用。

温馨提示

红枣补血健脾益脑，去核煲汤可减少燥性；枣皮中含有丰富的营养素，炖汤时应连皮一起烹调。

桂圆杞子瘦肉汤

原料

猪瘦肉500克，桂圆肉50克，枸杞子30克，食盐适量。

制作步骤

① 瘦肉洗净，切成厚片，飞水。

② 桂圆肉、枸杞子浸泡30分钟，洗净。

③ 将适量清水放入煲内，煮沸后加入以上材料，猛火煲滚后改用慢火煲2小时，加盐调味即可。

养生功效

此款汤水具有补血养肝、养心安神之功效；特别适宜肝血不足引起的头晕、心悸、视物不清者饮用。

温馨提示

如想节约煲制时间，可以将桂圆肉、枸杞子提前半天浸泡，洗净后与猪瘦肉一同剁烂再煮汤，这样方便快捷，既节省时间，而功效不减。

草菇大鱼头汤

原料

大鱼头500克，草菇200克，食盐适量。

制作步骤

① 草菇洗净，飞水。

② 鱼头剖开，去鳃洗净；烧锅下花生油、姜片，将鱼头煎至金黄色。

③ 加入适量沸水，煮沸20分钟后，加入草菇再煮20分钟，加盐调味即可。

养生功效

此款汤水具有安神补脑、延缓脑力衰退、增强记忆力、祛风除痹、化痰理气之功效；适宜学习疲劳、用脑过度、胃口欠佳、咳嗽有痰者饮用。

温馨提示

草菇是寄生于稻草、腐木一类基质上的菌类植物，具有健脑益智、化痰理气之功效。

黑枣鸡蛋汤

原料

鸡蛋2只，黑枣30克，桂圆肉20克，蜜枣15克，食盐适量。

制作步骤

① 黑枣去核，洗净；桂圆肉、蜜枣洗净。

② 鸡蛋煮熟，取出去壳。

③ 将适量清水放入煲内，煮沸后加入以上材料，猛火煲滚后改用慢火煲1小时，加盐调味即可。

养生功效

此款汤水具有养心补血、安神宁心之功效；特别适宜心血虚少引起的眩晕、心悸者饮用。

温馨提示

煲汤的时候加入适量蜜枣，既可使汤水甘甜滋润，又补而不燥；本汤偏温，外感发热者慎用，以免留邪于里。

雪梨猪肺汤

猪　　肺……………500克
雪　　梨……………250克
川贝母………………20克
食　　盐……………适量

温馨提示

雪梨性凉，味甘、微酸；有润肺生津、清热化痰的作用，《本草纲目》说它能"润肺凉心，消痰降火"，是治疗肺燥咳嗽常用之果品。

养生功效

此款汤水具有滋润肺燥、清热化痰、生津解渴之功效；特别适宜咳嗽痰稠、咳痰不易、咽干口渴、上呼吸道感染、支气管炎等属肺燥者饮用。

制作步骤

❶ 雪梨洗净，连皮切成块状，去核；川贝母洗净。

❷ 猪肺洗净，切成块状，飞水。

❸ 将适量清水放入煲内，煮沸后加入以上材料，猛火煲滚后改用慢火煲2.5小时，加盐调味即可。

制作步骤

  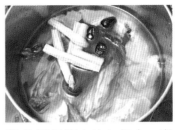

❶ 瘦肉洗净，切厚片，飞水。

❷ 腐竹提前1小时浸泡；菜干浸软，洗净；红枣去核，洗净。

❸ 将适量清水放入煲内，煮沸后加入以上材料，猛火煲滚后改用慢火煲2小时，加盐调味即可。

腐竹菜干瘦肉汤

原料

瘦　肉……………	250克
腐　竹……………	50克
菜　干……………	50克
红　枣……………	20克
食　盐……………	适量

温馨提示

腐竹须用凉水泡发，这样可使腐竹整洁美观，如用热水泡，则腐竹易碎。

养生功效

此款汤水清甜可口，具有清热润肺、止咳化痰、益气生津之功效；特别适宜咽喉干燥、口渴欲饮、痰多咳嗽者饮用。

酸枣仁老鸡汤

原料

老鸡1只，酸枣仁30克，桂圆肉20克，食盐适量。

制作步骤

❶老鸡去毛、内脏、斩大件，飞水。
❷酸枣仁、桂圆肉洗净。
❸将适量清水放入煲内，煮沸后加入以上材料，猛火煲滚后改用慢火煲1小时，加盐调味即可。

🏮养生功效

此款汤水具有滋阴补血、养心安神、镇静催眠之功效；特别适宜心血不足引起的虚烦不眠、心烦不安、惊悸怔忡者饮用。

温馨提示

若想煲出来的汤不肥腻，可将鸡皮去掉；老鸡易于留邪，外感发热、实热、阴虚火旺者慎用此汤。

柏子仁猪心汤

原料

猪心1只，猪瘦肉300克，柏子仁20克，灵芝30克，蜜枣15克，食盐适量。

制作步骤

❶灵芝、柏子仁洗净，浸泡；蜜枣洗净。
❷猪心剖成两半，洗净瘀血，飞水；猪瘦肉洗净，飞水。
❸将适量清水注入煲内煮沸，放入全部材料再次煮开后改慢火煲3小时，加盐调味即可。

🏮养生功效

此款汤水具有安神定志、增强免疫力、健脑益智、提神醒脑之功效；适宜体虚头晕、失眠多梦、心烦气短、耳鸣乏倦、心悸怔忡、记忆力减退者饮用。

温馨提示

灵芝含有极丰富的稀有元素"锗"，能使人体血液吸收氧的能力提高1.5倍，因此可以促进新陈代谢并有延缓老化的作用，还有增强皮肤本身修护功能的功效。

川芎白芷鱼头汤

原料

大鱼头600克，瘦猪肉300克，川芎30克，白芷20克，老姜2片，食盐适量。

制作步骤

1 猪瘦肉洗净，切块；鱼头洗净，下花生油、姜片煎至微黄铲起。

2 川芎、白芷洗净。

3 把适量清水煮沸，放入所有材料煮沸后改慢火煲2小时，加盐调味即可。

养生功效

此款汤水具有滋润安神、祛风止痛、祛风解表之疗效；适用于头痛眩晕、目暗无神、风寒湿痹者饮用。

温馨提示

新鲜的鱼头不仅肉质很嫩，而且营养也丰富。常用来煲汤的鱼头首选鲢鱼头。鱼头洗净后入淡盐水中泡一下会去土腥味。

淮杞玉竹泥鳅汤

原料

泥鳅300克，淮山50克，枸杞子30克，玉竹20克，生姜2片，食盐适量。

制作步骤

1 淮山、枸杞子、玉竹提前浸泡1小时，洗净。

2 泥鳅洗净，飞水，去除体表黏腻物，烧锅下油，将泥鳅煎至金黄色。

3 将适量清水放入煲内，煮沸后加入以上材料，猛火煲滚后改用慢火煲2小时，加盐调味即可。

养生功效

此款汤水具有养心安神、健脾补血、滋阴生津之功效；特别适宜由于心肌劳损引起的心悸、眩晕、失眠者饮用。

温馨提示

枸杞子一般不宜和过多性温热的补品如桂圆、红参、大枣等共同煲汤。

核桃灵芝猪肺汤

原料

猪　　肺	750克
核桃肉	30克
灵　芝	20克
蜜　枣	15克
食　盐	适量

温馨提示

　　本汤温补，外感、肺热、肺燥引起的咳喘者慎用。

养生功效

　　此款汤水具有益肺润燥、纳气平喘、固肾益精之功效；特别适宜肺气不足引起的咳嗽、气喘气促、神疲乏力者饮用。

制作步骤

❶ 灵芝洗净，浸泡；核桃肉、蜜枣洗净。

❷ 猪肺洗净，切成块状，飞水。

❸ 将适量清水放入煲内，煮沸后加入以上材料，猛火煲滚后改用慢火煲2小时，加盐调味即可。

马蹄百合生鱼汤

原料

生　鱼·················500克
马　蹄·················75克
百　合·················30克
无花果·················20克
生　姜·················2片
食　盐·················适量

温馨提示

马蹄以个大、洁净、新鲜、皮薄、肉细、味甜、爽脆、无渣者质佳。

养生功效

此款汤水具有润肺止咳、滋阴润燥、清心安神之功效；特别适宜肺燥引起的干咳少痰、口干咽燥、便秘者饮用。

制作步骤

❶马蹄去皮，洗净；百合、无花果洗净。

❷生鱼去鳞、鳃、内脏，洗净；烧锅下油、姜片，将生鱼煎至金黄色。

❸将适量清水放入煲内，煮沸后加入以上材料，猛火煲滚后改用慢火煲3小时，加盐调味即可。

制作步骤

❶ 霸王花浸泡，洗净，切 段；蜜枣洗净；陈皮用清水 浸软，洗净；蜜枣洗净。

❷ 猪肺洗净，切成块状， 飞水。

❸ 将适量清水放入煲内，煮 沸后加入以上材料，猛火煲 滚后改用慢火煲2小时，加 盐调味即可。

霸王花陈皮猪肺汤

原料

猪　　肺……………500克
霸王花……………50克
陈　　皮……………1小块
蜜　　枣……………15克
食　　盐…………… 适量

温馨提示

　　陈皮具有理气和中、燥 湿化痰、利水通便的功效。

养生功效

　　此款汤水具有清热润肺、理肺益气、化痰止咳之功 效；特别适宜肺虚咳嗽、支气管炎、脘腹胀满者饮用。

185

制作步骤

❶ 猪脊骨洗净，斩件，飞水。

❷ 鱼腥草浸泡，洗净；川贝母、蜜枣洗净。

❸ 将适量清水放入煲内，煮沸后加入以上材料，猛火煲滚后改用慢火煲2小时，加盐调味即可。

鱼腥草脊骨汤

原料

猪脊骨	750克
鱼腥草	35克
川贝母	20克
蜜 枣	20克
食 盐	适量

温馨提示

鱼腥草选用鲜品或干品皆可，功效差别不大；如选用干品，需提前浸泡30分钟后洗净使用。

养生功效

此款汤水具有清肺润燥、化痰止咳、清热消炎之功效；特别适宜由于肺热引起的咳嗽痰多、支气管炎、肺气肿、上呼吸道感染者饮用。

淮杞党参鱼头汤

原料

大鱼头500克，淮山、党参各30克，枸杞子20克，红枣10克，老姜2片，食盐适量。

制作步骤

1. 红枣去核，洗净；淮山、枸杞子、党参洗净。
2. 烧锅下花生油、姜片，将鱼头煎至金黄色。
3. 把适量清水煮沸，放入所有材料煮沸后改慢火煲2小时，加盐调味即可。

养生功效

此款汤水具有安神明目、益气养血、健脑补脑、增强记忆、祛风除痹之功效；适用于脾胃虚弱、气血不足引起的头晕脑涨、健忘、记忆力下降者饮用。

温馨提示

鱼头肉质细嫩、营养丰富，除了含蛋白质、脂肪、钙、磷、铁、维生素B_1，还含有鱼肉中所缺乏的卵磷脂，可增强记忆力、提高思维和分析能力，让人变得聪明。

鲜百合鸡心汤

原料

鸡心250克，鲜百合40克，桂圆肉30克，食盐适量。

制作步骤

1. 鲜百合掰成片状，洗净；桂圆肉放入清水中浸泡30分钟，捞出冲净。
2. 将鸡心用刀剖开，洗净腔内瘀血。
3. 把适量清水煮沸，放入所有材料煮沸后改慢火煲1小时，加盐调味即可。

养生功效

此款汤水具有养心安神、滋阴补血之功效；特别适宜由于阴血不足引起的心悸、烦躁不安、失眠多梦者饮用。

温馨提示

百合能滋阴安神，四季皆可食用，秋季最宜；煲汤建议选择新鲜百合为佳，鲜用可使汤味鲜美，并可减少燥性。

天麻鱼头汤

原料

大鱼头500克，天麻30克，老姜2片，食盐适量。

制作步骤

① 天麻洗净。

② 大鱼头去鳃，洗净，对半斩开；烧锅下花生油、姜片，将鱼头煎至金黄色。

③ 把适量清水煮沸，放入所有材料煮沸后改文火煲2小时，加盐调味即可。

养生功效

此款汤水具有平肝熄风、明目健脾、祛风止痛、补脑益智、增强记忆之功效；适宜神经衰弱、记忆力下降、耳鸣头晕、肢体麻木痹痛、高血压者饮用。

温馨提示

天麻主要产于中国的华中及华南地区。中医认为天麻具有熄风、止痉、祛风除痹的功效，可以有效缓解各种肢体麻木、头痛等症状，是中医治疗大脑及神经系统疾病的常用药物。

莲子百合煲老鸭汤

原料

老鸭1000克，莲子100克，百合50克，薏米50克，陈皮1小块，食盐适量。

制作步骤

① 老鸭洗净，斩件，飞水。

② 薏米、百合、莲子浸泡1小时，洗净捞起；陈皮浸软，洗净。

③ 将适量清水放入煲内，煮沸后加入以上材料，猛火煲滚后改用慢火煲2小时，加盐调味即可。

养生功效

此款汤水具有清心安神、补脾止泻、消暑解毒、清利湿热、健脾利水、益肾涩精之功效；特别适宜筋脉拘挛、水肿、脚气、咽痛失音、虚烦惊悸、失眠多梦者饮用。

温馨提示

鸭肉是一种美味佳肴，适于滋补，是各种美味名菜的主要原料。人们常言"鸡鸭鱼肉"四大荤，鸭肉的蛋白质含量比畜肉含量高得多，脂肪含量适中且分布较均匀。

Part 4

美容养颜老火汤

黑枣鹌鹑蛋汤

鹌鹑蛋·················· 10个
黑　枣·················· 50克
桂圆肉·················· 30克
蜜　枣·················· 15克
食　盐·················· 适量

温馨提示

黑枣又称南枣，有健脾养血、健脑助记忆之效。在煮黑枣时，如果加入少量灯芯草，就会使枣皮自动脱开，只要用手指一搓，枣皮就会脱落。

养生功效

此款汤水具有益智醒脑、安神定志、健脾养血、强身健脑、丰肌泽肤之功效；适宜记忆力减退、营养欠佳引起的头晕眼花、气血不足、心悸多梦者饮用。

制作步骤

❶ 黑枣去核，洗净；桂圆肉、蜜枣洗净。

❷ 鹌鹑蛋煮熟，去壳。

❸ 将黑枣、桂圆肉、蜜枣、鹌鹑蛋一同放入煲内，加入适量清水，煮沸后慢火煲1小时，加盐调味即可。

制作步骤

① 田鸡去头、皮、内脏，洗净，斩件。

② 丝瓜刨去棱边，洗净，切滚刀块；绿豆芽洗净。

③ 将适量清水注入煲内煮沸，放入全部材料用中火煮30分钟，加盐调味即可。

丝瓜银芽田鸡汤

原料

田　鸡……………500克
丝　瓜……………300克
绿豆芽……………100克
生　姜……………　3片
食　盐……………　适量

温馨提示

　　丝瓜中含防止皮肤老化的B族维生素和增白皮肤的维生素C等成分，能保护皮肤、消除斑块，使皮肤洁白、细嫩，是不可多得的美容佳品，故丝瓜汁有"美人水"之称。女士多吃丝瓜还对调理月经不畅有帮助。

养生功效

　　此款汤水具有美容润肤、通络利湿、清热降火、利水消肿之功效；适宜湿热困阻、肌肉筋络引起的周身骨痛、四肢关节疼痛者饮用。

制作步骤

① 木瓜去皮、去子，洗净，切成大块；红枣洗净，去核。

② 生鱼去鳞、鳃、内脏，洗净；烧锅下油、姜片，将生鱼煎至金黄色。

③ 将适量清水放入煲内，煮沸后加入以上材料，猛火煲滚后改用慢火煲2~3小时，加盐调味即可。

木瓜生鱼汤

原料

生　　鱼	·············500克
木　　瓜	·············250克
红　　枣	·············15克
生　　姜	·············2片
食　　盐	·············适量

🍲 养生功效

　　此款汤水补而不燥，具有润肤养颜、健脾开胃、延年益寿、解渴生津之功效；适宜全家老少初秋时节饮用。

温馨提示

　　木瓜有宣木瓜和番木瓜两种，治病多采用宣木瓜，也就是北方木瓜，不宜鲜食；食用木瓜是产于南方的番木瓜，可以生吃，也可作为蔬菜和肉类一起炖煮。

雪梨瘦肉汤

原料

瘦肉500克，雪梨250克，南北杏仁、蜜枣各10克，食盐适量。

制作步骤

1. 猪瘦肉洗净，切成厚片，飞水。
2. 雪梨去核，洗净切块；南北杏仁、蜜枣洗净。
3. 将适量清水放入煲内，煮沸后加入以上材料，猛火煲滚后改用慢火煲1.5小时，加盐调味即可。

养生功效

此款汤水具有滋阴美容、养颜润肤、润肺止咳之功效；特别适宜皮肤干燥、肺燥久咳者饮用。

温馨提示

煲汤时用鸭梨、黄梨、啤梨均可，而雪梨、鸭梨较润，不用去皮，只去核即可。

椰子田鸡汤

原料

田鸡500克，排骨250克，椰子肉150克，生姜2片，食盐适量。

制作步骤

1. 田鸡去皮洗净，斩件，飞水。
2. 排骨洗净，斩件，飞水；椰子肉洗净，切块。
3. 将适量清水放入煲内，煮沸后加入以上材料，猛火煲滚后改用慢火煲2小时，加盐调味即可。

养生功效

此款汤水具有美容润肤、润肺滋阴、止咳祛痰之功效；特别适宜烟酒过多、睡眠不足者饮用。

温馨提示

田鸡肉中易有寄生虫卵，一定要加热至熟透再食用。

苹果瘦肉汤

原料

瘦肉500克，苹果250克，无花果30克，银耳20克，食盐适量。

制作步骤

❶ 猪瘦肉洗净，切成厚片，飞水。

❷ 苹果去皮、去核，洗净，切块；银耳浸发，撕成小朵，洗净；无花果洗净。

❸ 将适量清水放入煲内，煮沸后加入以上材料，猛火煲滚后改用慢火煲2小时，加盐调味即可。

🍲 养生功效

此款汤水具有滋润养颜、养阴润燥、润泽肌肤、解毒降火之功效；特别适宜秋季干燥天气饮用。

温馨提示

苹果是很多人都爱吃的健康水果，难得的是它煲成汤水还有滋阴润燥、补益气血的功效。

银耳炖乳鸽

原料

乳鸽450克，银耳50克，陈皮1小块，生姜4片，食盐适量。

制作步骤

❶ 银耳用清水浸软，撕成小朵，洗净；陈皮浸软，洗净。

❷ 乳鸽去毛及内脏，洗涤整理干净。

❸ 将全部材料放入炖盅内，加入适量清水，盖上盅盖，隔水炖4小时，再加入食盐调好口味即可。

🍲 养生功效

此款汤水具有滋养和血、美容健肤、清润通便之功效；适合全家饮用，家有老人者更加适合。

温馨提示

银耳适宜用冷水浸泡，以保证其原汁原味；银耳浸发后，需将黄色的头部剪去。

银耳鹌鹑蛋汤

原料

鹌鹑蛋·················· 10个
银　耳·················· 30克
食　盐·················· 适量

温馨提示

煮汤时放入鹌鹑蛋液后应立即熄火，甚至可以熄火后再放入蛋液，略加搅拌即可，这样可避免蛋液因煮沸时间过长而变"老"，影响嫩滑之口感。

养生功效

此款汤水具有美容养颜、润泽肌肤、健脑益智、提神醒脑、滋阴润肺之功效；适宜记忆力下降、烦躁失眠、大便干结、阴虚肺燥、口干口渴者饮用。

制作步骤

❶ 鹌鹑蛋去壳，搅成蛋液备用。

❷ 银耳提前浸泡，洗净，撕成小朵。

❸ 把适量清水煮沸，放入银耳煮20分钟，倒入鹌鹑蛋液后熄火，加盐调味即可。

制作步骤

① 猪瘦肉洗净，切成厚片，飞水。

② 莲子、百合浸泡1小时，洗净；蜜枣洗净。

③ 将适量清水放入煲内，煮沸后加入以上材料，猛火煲滚后改用慢火煲2～3小时，加盐调味即可。

莲子百合瘦肉汤

原料

猪瘦肉……………………500克
莲　子……………………50克
百　合……………………30克
蜜　枣……………………20克
食　盐…………………… 适量

温馨提示

莲子心味苦，所以在莲子浸泡之后，应将莲子心取出去掉，以免影响汤水的整体口感。

养生功效

此款汤水具有养颜润肤、健脾润肺、养神平压、滋补中气之功效；特别适宜皮肤干燥、脾肺气虚咳嗽者饮用。

燕窝鸡丝汤

原料

鸡胸肉150克，燕窝6克，红枣10克，食盐适量。

制作步骤

① 燕窝浸泡，洗净；红枣去核，洗净，切丝。

② 鸡胸肉洗净，切丝。

③ 将以上料放入炖盅内，注入适量清水，隔水炖4小时，加盐调味即可。

🍲 养生功效

此款汤水具有补血养颜、健脾益气、美白肌肤、抗衰老之功效；特别适宜体虚眩晕、面色无华、烦躁失眠者饮用。

温馨提示

燕窝含有丰富的蛋白质及多种人体必需的氨基酸，是滋补养颜之极品。

蚝豉猪腱汤

原料

猪腱肉500克，蚝豉50克，银耳、南北杏仁各20克，陈皮1小块，食盐适量。

制作步骤

① 猪腱肉洗净，切块，飞水。

② 蚝豉用清水浸软，洗净；银耳浸开，洗净，撕开；陈皮浸软，洗净；南北杏仁洗净。

③ 将适量清水放入煲内，煮沸后加入以上材料，猛火煲滚后改用慢火煲2小时，加盐调味即可。

🍲 养生功效

此款汤水具有滋阴养颜、滋润和血、活血充肌、祛痰清肺之功效；老少皆宜。

温馨提示

蚝豉又名蚝干，是牡蛎肉的干制品；以身干、个大、色红、无霉变碎块者为佳。

银耳蜜枣乳鸽汤

原料

乳鸽500克，瘦肉250克，银耳20克，蜜枣15克，食盐适量。

制作步骤

① 乳鸽宰杀，去毛、内脏，洗净；瘦肉洗净。

② 银耳浸发，撕成小朵，洗净；蜜枣洗净。

③ 将适量清水放入煲内，煮沸后加入以上材料，猛火煲滚后改用慢火煲2小时，加盐调味即可。

养生功效

此款汤水具有滋养和血、清润养颜、润肠通便之功效；特别适宜肾虚体弱、心神不宁、体力透支者饮用。

温馨提示

乳鸽是指孵出不久的小鸽子，滋味鲜美，肉质细嫩，富含粗蛋白质和少量无机盐等营养成分。

香菇排骨汤

原料

排骨500克，香菇40克，黑木耳20克，食盐适量。

制作步骤

① 排骨斩件，洗净，飞水。

② 香菇浸泡2小时，洗净；黑木耳浸泡1小时，洗净。

③ 将适量清水放入煲内，煮沸后加入以上材料，猛火煲滚后改用慢火煲2小时，加盐调味即可。

养生功效

此款汤水具有养颜美容、活血降脂、降低血压之功效；特别适宜高脂血症、高血压者饮用。

温馨提示

排骨在煲汤之前须用滚水余烫一下，再过冷水冲净，这样既可去除血水和杂质，又可使其在煲汤时不易散烂。

粉葛红枣猪骨汤

猪　　骨	·············	750克
粉　　葛	·············	500克
红　　枣	·············	20克
陈　　皮	·············	1小块
食　　盐	·············	适量

温馨提示

　　按照广东传统煲汤的方法，红枣应用于煲汤时，都要去掉核，因为有核的红枣比较热气，会影响汤水的疗效。

养生功效

　　此款汤水具有滋润肌肤、生津止渴、泻火利湿、健脾养阴之功效；特别适宜口干口苦、尿黄尿少、腰膝酸痛者饮用。

制作步骤

① 猪骨洗净、斩成大块，飞水。

② 粉葛去皮，洗净切块；红枣去核，洗净；陈皮浸软，洗净。

③ 将适量清水放入煲内，煮沸后加入以上材料，猛火煲滚后改用慢火煲3小时，加盐调味即可。

苹果雪梨瘦肉汤

猪瘦肉·················500克
苹　果·················250克
雪　梨·················250克
无花果·················15克
南北杏·················30克
食　盐·················适量

温馨提示

雪梨润肺消燥、清热化痰，虽然脾虚的人不宜多食，但与滋养补虚的瘦肉配伍，则无需多虑。

养生功效

此款汤水具有美颜靓肤、健脾润肺、清热化痰、生津止渴之功效；此汤滋补脏腑，为老少、四季皆宜的汤饮。

制作步骤

❶ 猪瘦肉洗净，切成厚片，飞水。

❷ 苹果去皮、核，切块；雪梨去核，切块；无花果、南北杏洗净。

❸ 将适量清水放入煲内，煮沸后加入以上材料，猛火煲滚后改用慢火煲2小时，加盐调味即可。

制作步骤

  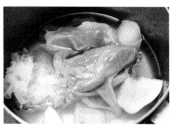

① 雪梨去核，洗净，切厚块；银耳浸发，撕成小朵，洗净，蜜枣洗净。

② 鹌鹑切块，清洗干净；瘦肉洗净。

③ 将适量清水放入煲内，煮沸后加入以上材料，猛火煲滚后改用慢火煲2小时，加盐调味即可。

雪梨鹌鹑汤

原料

鹌　　鹑⋯⋯⋯⋯⋯⋯350克
瘦　　肉⋯⋯⋯⋯⋯⋯250克
雪　　梨⋯⋯⋯⋯⋯⋯250克
银　　耳⋯⋯⋯⋯⋯⋯20克
蜜　　枣⋯⋯⋯⋯⋯⋯20克
生　　姜⋯⋯⋯⋯⋯⋯2片
食　　盐⋯⋯⋯⋯⋯⋯适量

温馨提示

　　如果天气干燥，烟酒过多，睡眠不足，声音沙哑，咳嗽痰多，可以用银耳雪梨鹌鹑汤佐膳做食疗；咳痰稀如水的人不宜多饮用。

养生功效

　　此款汤水清甜可口，具有润泽肌肤、清热润燥、止咳除痰、生津止渴之功效；特别适宜秋天饮用。

制作步骤

① 猪瘦肉洗净，切成厚片，飞水。

② 虫草花洗净；雪蛤膏浸泡3小时，剔除杂质，洗净。

③ 将适量清水放入煲内，煮沸后加入以上材料，猛火煲滚后改用慢火煲3小时，加盐调味即可。

虫草花雪蛤瘦肉汤

原料

猪瘦肉	500克
虫草花	20克
雪蛤膏	8克
食 盐	适量

温馨提示

雪蛤膏又称田鸡油，是东北雪蛤的输卵管，是滋润养颜的上品。

🫖 养生功效

此款汤水具有滋润养颜、美容润肤、益肺止咳之功效；特别适宜皮肤干涩、肤色晦暗、肺虚久咳、口干咽燥者饮用。

淡菜瘦肉汤

原料

瘦肉500克，淡菜30克，紫菜20克，食盐适量。

制作步骤

① 瘦肉洗净，切块，飞水。

② 淡菜用水浸软，洗净；紫菜撕成小块，清水浸开，洗净。

③ 将适量清水放入煲内，煮沸后加入以上材料，猛火煲滚后改用慢火煲1小时，加盐调味即可。

养生功效

此款汤水具有滋阴降火、美容养颜、清热化痰之功效；特别适宜肺热痰多者饮用。

温馨提示

脾胃虚寒者不宜多用本汤。

莲藕猪腱汤

原料

猪腱肉500克，排骨、莲藕各250克，桂圆肉、红枣各20克，食盐适量。

制作步骤

① 莲藕去皮，洗净，切厚片；红枣去核，洗净；桂圆肉洗净。

② 猪腱肉洗净，切块；排骨洗净，斩件。

③ 将适量清水放入煲内，煮沸后加入以上材料，猛火煲滚后改用慢火煲2小时，加盐调味即可。

养生功效

此款汤水补而不燥，润而不腻，香浓可口，具有补血养颜、补中益气、滋润肌肤之功效；特别适宜脾虚泄泻、烦躁口渴、食欲缺乏者饮用。

温馨提示

莲藕，微甜而脆，十分爽口，可生食也可熟食，而且药用价值相当高，是老幼妇孺、体弱多病者上好的食品和滋补佳品。

赤小豆花生鹌鹑汤

原料

鹌鹑2只，赤小豆、花生各60克，红枣20克，蜜枣15克，食盐适量。

制作步骤

① 鹌鹑宰杀，去毛及内脏，洗净，放入沸水锅中焯烫一下，捞出沥干。

② 赤小豆、花生浸泡30分钟，洗净；红枣、蜜枣洗净。

③ 锅中加入适量清水煮沸，放入以上材料，猛火煲滚后改用慢火煲约2小时，然后加入食盐调味，即可出锅装碗。

养生功效

此款汤水具有补血美颜、滋润肌肤、健脾养血之功效；特别适宜血虚引起的面色无华、肌肤晦暗、眩晕者饮用。

温馨提示

本汤偏于补血，外感发热、湿热内盛者少饮为好。

胡萝卜花胶猪腱汤

原料

猪腱肉500克，胡萝卜250克，花胶80克，瑶柱20克，生姜2片，食盐适量。

制作步骤

① 猪腱肉洗净，切成大块。

② 胡萝卜去皮，洗净，切块；花胶提前半天浸泡，洗净；瑶柱用水浸软，洗净。

③ 将适量清水放入煲内，煮沸后加入以上材料，猛火煲滚后改用慢火煲3小时，加盐调味即可。

养生功效

此款汤水具有补血滋养、补肾益精、止血散瘀之功效；特别适宜肾虚滑精、产后风痉、创伤出血者饮用。

温馨提示

花胶即鱼肚，为鱼鳔干制而成，有黄鱼肚、回鱼肚、鳗鱼肚等，主要产于我国沿海及马来群岛等地，以广东所产的"广肚"质量最好。

虫草花玉竹生鱼汤

原料

生　鱼	500克
虫草花	20克
玉　竹	30克
蜜　枣	15克
食　盐	适量

温馨提示

生鱼味甘、性平，可补气养胃，且富含核酸，对人体细胞有滋养作用。

养生功效

此款汤水具有滋阴养颜、生肌美肤、润肺止咳之功效；特别适宜皮肤干涩、肤色晦暗、虚咳痰少、口干烦渴者饮用。

制作步骤

❶ 玉竹洗净，浸泡1小时；虫草花、蜜枣洗净。

❷ 生鱼去鳞、鳃、内脏，洗净；烧锅下油、姜片，将生鱼煎至金黄色。

❸ 将适量清水放入煲内，煮沸后加入以上材料，猛火煲滚后改用慢火煲2小时，加盐调味即可。

制作步骤

  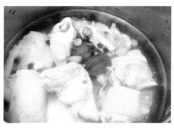

① 猪手洗净，斩件，飞水。　② 赤小豆、绿豆、花生洗净，浸泡1小时；蜜枣洗净。　③ 将适量清水放入煲内，煮沸后加入以上材料，猛火煲滚后改用慢火煲3小时，加盐调味即可。

红绿豆花生猪手汤

原料

猪　手	750克
赤小豆	50克
绿　豆	50克
花　生	50克
蜜　枣	20克
食　盐	适量

温馨提示

猪手即猪前蹄，能补血生肌，其所含的胶黏质可使皮肤皱纹减少或推迟皱纹产生，是养颜美肤之佳品。

养生功效

此款汤水具有清热养血、润泽肌肤之功效；特别适宜皮肤干涩、肤色晦暗、易生色斑、疮疖频生、口干烦渴者饮用。

何首乌煲鸡汤

原料

光鸡500克，何首乌30克，茯苓20克，白术10克，生姜2片，食盐适量。

制作步骤

1. 光鸡洗净，切半，飞水。
2. 何首乌、茯苓、白术洗净。
3. 将适量清水放入煲内，煮沸后加入以上材料，猛火煲滚后改用慢火煲2小时，加盐调味即可。

养生功效

此款汤水具有补血养颜、补肾益精、祛风解毒之功效；特别适宜肝肾精血不足、腰膝酸软、须发早白、脾燥便秘者饮用。

温馨提示

何首乌以体重、质坚实、粉性足者为佳；何首乌忌用铁器烹煮，煲汤时最好选择瓦煲烹制。

雪蛤乌鸡汤

原料

乌鸡500克，雪蛤膏10克，红枣20克，生姜2片，食盐适量。

制作步骤

1. 乌鸡去毛、内脏，洗净，斩件，飞水。
2. 雪蛤膏浸泡5小时，挑去杂质，洗净；红枣去核，洗净。
3. 将以上原料放入炖盅内，注入适量清水，隔水炖4小时，加盐调味即可。

养生功效

此款汤水具有养颜美容、滋阴补血、延缓衰老之功效；特别适宜阴虚血少引起的皮肤干燥、早生皱纹、面白唇淡、虚烦失眠者饮用。

温馨提示

雪蛤膏即蛤士蟆油，是我国吉林长白山雪蛤的干燥输卵管，它能提高雌激素分泌水平，使肌肤细致嫩滑，是女士养颜美容的佳品。

马齿苋瘦肉汤

原料

猪瘦肉500克，绿豆100克，马齿苋450克，蜜枣15克，食盐适量。

制作步骤

① 猪瘦肉洗净，切厚片。

② 马齿苋、蜜枣洗净；绿豆浸泡2小时，洗净。

③ 将适量清水放入煲内，煮沸后加入以上材料，猛火煲滚后改用慢火煲2小时，加盐调味即可。

养生功效

此款汤水具有清肠通便、清热解毒、凉血止痢之功效；特别适宜大肠湿热所致的大便溏黏臭秽、里急后重、大便出血等。

温馨提示

马齿苋味酸，性寒，入大肠、肝、脾经；具有清热祛湿、散瘀消肿、利尿通淋的功效；选购马齿苋以株小、质嫩、叶多、青绿色者为佳。

生地槐花脊骨汤

原料

猪脊骨750克，生地黄50克，槐花20克，蜜枣25克，食盐适量。

制作步骤

① 猪脊骨斩件，飞水，洗净。

② 生地黄、槐花浸泡1小时，洗净；蜜枣洗净。

③ 将适量清水放入煲内，煮沸后加入以上材料，猛火煲滚后改用慢火煲2～3小时，加盐调味即可。

养生功效

此款汤水具有排毒养颜、凉血止血、消痔止血之功效；特别适宜肠热便秘、痔疮出血者饮用。

温馨提示

脊骨飞水可以去除骨肉中的血污，还可以收紧上面的肉，经过2个小时的煲炖，也不会散烂。

红枣银耳鹌鹑汤

原料

鹌　鹑	………………500克
红　枣	…………………20克
银　耳	…………………20克
蜜　枣	…………………15克
食　盐	…………………适量

温馨提示

鹌鹑滋养补益，含丰富蛋白质及多种维生素，其营养价值比鸡肉还高，且味道鲜美，易于消化吸收。

养生功效

此款汤水具有养血美颜、润泽肌肤之功效；特别适宜皮肤干燥、肤色晦暗、缺乏光泽、口渴心烦、头晕眼花者饮用。

制作步骤

❶ 鹌鹑去毛、内脏，洗净。

❷ 银耳浸泡，撕成小朵，洗净；红枣去核，洗净；蜜枣洗净。

❸ 将适量清水放入煲内，煮沸后加入以上材料，猛火煲滚后改用慢火煲2小时，加盐调味即可。

黄豆猪手汤

猪　手	750克
黄　豆	100克
冬　菇	50克
生　姜	1片
食　盐	适量

温馨提示

　　因黄豆及猪手均为滞腻之品，容易引起消化不良，脾虚气滞、消化功能差者不宜多饮本汤。

养生功效

　　此款汤水具有滋润养血、润泽肌肤之功效；特别适宜皮肤干涩、肤色晦暗、易生色斑、口干烦渴者饮用。

制作步骤

❶ 猪手洗净，斩件，飞水。

❷ 黄豆浸泡30分钟，洗净；冬菇用清水浸软，洗净去蒂。

❸ 将适量清水放入煲内，煮沸后加入以上材料，猛火煲滚后改用慢火煲2小时，加盐调味即可。

制作步骤

① 鹌鹑去毛、内脏，洗净。

② 椰子去硬壳，取肉，洗净，切成块；银耳浸泡1小时，撕成小朵，洗净；蜜枣洗净。

③ 锅中加入适量清水烧沸，放入以上材料，猛火煲滚后改用慢火煲3小时，然后加入食盐调味，即可出锅装碗。

椰子鹌鹑汤

原 料

鹌　鹑	500克
椰　子	1个
银　耳	20克
蜜　枣	15克
食　盐	适量

温馨提示

椰子是很好的美颜润肤产品，椰子汁清甜甘润，能消暑、生津解渴；椰子肉能健美肌肤，令人面容润泽。

养生功效

此款汤水具有益肤美颜、滋阴生津之功效；特别适宜皮肤干燥、黯淡失泽、口干烦渴、大便不畅者饮用。

制作步骤

① 猪蹄洗净，斩件，飞水。

② 黑木耳洗净，浸泡30分钟；红枣去核，洗净。

③ 将适量清水放入煲内，煮沸后加入以上材料，猛火煲滚后改用慢火煲3小时，加盐调味即可。

黑木耳猪蹄汤

原料

猪　蹄·················500克
黑木耳·················20克
红　枣·················20克
食　盐·················适量

温馨提示

红枣能健脾养血、健肤美颜，去核煲汤可减少燥性；本汤润下，湿热泄泻者慎用。

养生功效

此款汤水具有养血润肤、泽肤润肠、祛瘀消斑之功效；特别适宜由于血虚血瘀引起的面部色斑、早生皱纹、大便不畅者饮用。

丝瓜排骨汤

原料

排骨、丝瓜各500克，南北杏仁20克，食盐适量。

制作步骤

1. 排骨洗净，斩件，飞水。
2. 丝瓜刨去棱边，洗净切块；南北杏仁洗净。
3. 将适量清水放入煲内，煮沸后加入以上材料，猛火煲滚后改用慢火煲1.5小时，加盐调味即可。

养生功效

此款汤水具有凉血解毒、解暑除烦、消热化痰、去热利水之功效；特别适宜月经不调、痰喘咳嗽、肠风痔漏、血淋、疗疮痈肿者饮用。

温馨提示

丝瓜性凉味甘，脾胃虚寒、腹泻者不宜食用。

木瓜花生鱼尾汤

原料

鲩鱼尾、木瓜各300克，花生100克，生姜4片，食盐适量。

制作步骤

1. 熟木瓜去皮、核，洗净切块；花生洗净。
2. 鲩鱼尾清洗干净；烧锅下花生油、姜片，将鲩鱼尾煎至金黄色。
3. 把适量清水煮沸，放入以上所有材料煮沸后改慢火煲1小时，加盐调味即可。

养生功效

此款汤水具有滋补养颜、润肠通便、消食行滞、醒脾和胃之功效；适宜大便不通、消化不良、肺热干咳、乳汁不通、手脚痉挛疼痛者饮用。

温馨提示

在花生的诸多吃法中以炖吃为最佳，这样既避免了招牌营养素的破坏，又具有不温不火、口感潮润、入口好烂、易于消化的特点，老少皆宜。

番薯叶山斑鱼汤

原料

山斑鱼350克，番薯叶200克，生姜2片，食盐适量。

制作步骤

① 番薯叶洗净。

② 山斑鱼清洗干净；烧锅下油、姜片，将山斑鱼煎至金黄色。

③ 将适量清水放入煲内，煮沸后加入山斑鱼煲30分钟，加入番薯叶再煲20分钟，加盐调味即可。

养生功效

此款汤水具有解毒抗癌、通便利尿、滋阴散淤之功效；特别适宜癌症手术后大便不畅、小便不利者饮用。

温馨提示

番薯叶又称地瓜叶，性平、味甘、微凉；有生津润燥、健脾宽肠、养血止血、通乳汁、补中益气、通便等功效；可用于消渴、便血、血崩、乳汁不通。

萝卜干猪蹄汤

原料

猪蹄650克，萝卜干30克，蜜枣25克，食盐适量。

制作步骤

① 猪蹄斩件，洗净，飞水。

② 萝卜干提前1小时浸泡，洗净；蜜枣洗净。

③ 把适量清水煮沸，放入以上所有材料煮沸后改慢火煲3小时，加盐调味即可。

养生功效

此款汤水具有清肠润燥、通便利水、排毒养颜、消食除胀、润泽肌肤、润肺止咳之功效；适宜大便不畅、肺燥咳嗽、口干烦躁者饮用。

温馨提示

烹制前要检查好所购猪蹄是否有局部溃烂现象，以防口蹄疫传播给食用者，然后把毛拔净或刮干净，剁碎或剁成大段骨，连肉带碎骨一同掺配料入锅。

木瓜猪手汤

原料

猪　　手……………750克
木　　瓜……………300克
花　　生……………100克
生　　姜……………… 1片
食　　盐……………… 适量

温馨提示

　　木瓜性温，不寒不燥，其中的营养成分容易被皮肤直接吸收，使身体更容易吸收充足的营养，从而使皮肤变得光洁，皱纹减少，面色红润。

养生功效

　　此款汤水具有丰胸美肤、抗皱防衰、延年益寿、健脾消食之功效；特别适宜皮肤过快老化、乳汁不通、消化不良者饮用。

制作步骤

❶ 猪手洗净，斩件，飞水。

❷ 木瓜去皮、去子，洗净，切厚块；花生浸泡30分钟，洗净。

❸ 将适量清水放入煲内，煮沸后加入以上材料，猛火煲滚后改用慢火煲3小时，加盐调味即可。

制作步骤

① 苹果去皮、核，洗净切块；雪梨去核，洗净切块；蜜枣洗净。

② 生鱼去鳞、鳃、内脏，洗净；烧锅下油、姜片，将生鱼煎至金黄色。

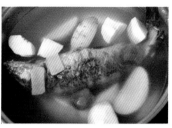

③ 将适量清水放入煲内，煮沸后加入以上材料，猛火煲滚后改用慢火煲2小时，加盐调味即可。

苹果雪梨生鱼汤

原料

生 鱼	500克
苹 果	250克
雪 梨	250克
蜜 枣	20克
生 姜	2片
食 盐	适量

温馨提示

雪梨用于煲汤的时候，一般不用去皮，因为雪梨果皮的营养很丰富，会使煲出来的汤疗效更佳。

养生功效

此款汤水具有益肤养颜、养阴润燥、润泽肌肤之功效；特别适宜秋冬季节皮肤干燥、肌肤缺水、色斑、黑眼圈者饮用。

银芽排骨汤

原料

排骨600克，绿豆芽500克，生姜2片，食盐适量。

制作步骤

1. 排骨洗净，斩件，飞水。
2. 绿豆芽洗净。
3. 将适量清水放入煲内，煮沸后加入以上材料，猛火煲滚后改用慢火煲2小时，加盐调味即可。

养生功效

此款汤水适宜夏季饮用，具有解毒养颜、清热消暑、利水降火之功效；特别适宜面体生疮、口腔溃疡、饮酒过多、便秘者饮用。

温馨提示

绿豆芽中含有维生素B$_2$，适合口腔溃疡的人食用；它还富含膳食纤维，是便秘患者的健康蔬菜，有预防消化道癌症(食管癌、胃癌、直肠癌)的功效。

芦荟猪蹄汤

原料

猪蹄600克，芦荟300克，食盐适量。

制作步骤

1. 芦荟去皮，洗净切段。
2. 猪蹄斩件，洗净，飞水。
3. 把适量清水煮沸，放入以上材料煮沸后改文火煲3小时，加盐调味即可。

养生功效

此款汤水具有清热解毒、润肠通便、滋润养颜之功效；适宜肠热引起的大便不畅、大便秘结、皮肤粗糙者饮用。

温馨提示

猪蹄又叫猪脚、猪手，分前后两种，前蹄肉多骨少，呈直形；后蹄肉少骨稍多，呈弯形。

老黄瓜排骨汤

原料

排骨600克，老黄瓜400克，扁豆50克，麦冬30克，蜜枣15克，食盐适量。

制作步骤

① 老黄瓜去皮、瓤、子，洗净，切段；扁豆、麦冬、蜜枣洗净。

② 排骨洗净，斩件待用。

③ 把适量清水煮沸，放入以上所有材料煮沸后改慢火煲3小时，加盐调味即可。

养生功效

此款汤水具有润肠通便、减肥轻身、滋阴降火、清热利咽、清心润肺之功效；适宜尿少尿黄、咽喉肿痛、烦躁易怒、烟酒过多、频繁熬夜者饮用。

温馨提示

做扁豆时注意一定要做熟，否则可能使食用者出现食物中毒现象。

胡萝卜猪骨汤

原料

猪骨700克，胡萝卜400克，蜜枣20克，食盐适量。

制作步骤

① 将猪骨斩件，清洗干净。

② 胡萝卜去皮，洗净，切成块状；蜜枣洗净。

② 把适量清水煮沸，放入以上所有材料煮沸后改慢火煲2.5小时，加盐调味即可。

养生功效

此款汤水具有润肠通便、排毒减肥、清热降火、消食除胀之功效；适宜热病伤津、火热内盛、大便秘结者饮用。

温馨提示

烹调胡萝卜时，不要加醋，以免胡萝卜素损失。另外不要过量食用。大量摄入胡萝卜素会令皮肤的色素产生变化，变成橙黄色。

苹果排骨汤

原料

排　　骨⋯⋯⋯⋯⋯500克
苹　　果⋯⋯⋯⋯⋯300克
南北杏仁⋯⋯⋯⋯　30克
蜜　　枣⋯⋯⋯⋯⋯　20克
食　　盐⋯⋯⋯⋯⋯　适量

温馨提示

　　此汤制作简单，口感也很好，排骨中含有水果的清香，一点不油腻。汤中已经带有水果的甜味，只要加少许食盐调味即可。

养生功效

　　此款汤水具有美容润肤、生津止渴、健脾益胃之功效；特别适宜皮肤粗糙、口干心烦、消化不良者饮用。

制作步骤

❶排骨洗净，斩件，飞水。

❷苹果去皮、去核，洗净切块；南北杏仁、蜜枣洗净。

❸将适量清水放入煲内，煮沸后加入以上材料，猛火煲滚后改用慢火煲2小时，加盐调味即可。

苹果核桃鲫鱼汤

鲫　　鱼·················· 1条
苹　　果················· 250克
核 桃 肉·················· 50克
生　　姜··················· 2片
食　　盐·················· 适量

温馨提示

　　苹果中含有大量的镁、硫、铁、铜、碘、锰、锌等微量元素，可使皮肤细腻、润滑、红润有光泽。

🍲 养生功效

　　此款汤水具有滋润肌肤、补益肝肾、养心悦颜、健脾益气之功效；特别适宜肝肾不足引起的肤色晦暗、黑眼圈者饮用。

制作步骤

❶ 苹果去皮、核，洗净，切成块状；核桃肉洗净。

❷ 鲫鱼去鳃、鳞，洗净；烧锅下油、生姜，将鲫鱼煎至金黄色。

❸ 将适量清水放入煲内，煮沸后加入以上材料，猛火煲滚后改用慢火煲2小时，加盐调味即可。

制作步骤

① 鸡肉洗净,切半,飞水备用。

② 雪蛤膏用清水浸涨,挑净污垢,洗净;红枣、莲子洗净。

③ 将适量清水放入煲内,煮沸后加入以上材料,猛火煲滚后改用慢火煲2小时,加盐调味即可。

雪蛤莲子红枣鸡汤

原料

鸡　肉	500克
莲　子	60克
雪蛤膏	20克
红　枣	20克
生　姜	2片
食　盐	适量

温馨提示

由于雪蛤膏常带有肠脏杂质,宜充分浸泡后细心剔除,以去除腥味。

养生功效

此款汤水具有养颜润肤、滋阴养肝、调补内分泌、延缓衰老之功效;特别适宜皮肤色素沉着、心悸衰弱、头晕疲乏、心情烦躁者饮用。

制作步骤

① 光鸡洗净，斩件。

② 玉竹洗净；红枣去核，洗净。

③ 将适量清水放入煲内，煮沸后加入以上材料，猛火煲滚后改用慢火煲2小时，加盐调味即可。

玉竹红枣煲鸡汤

原料

光　鸡	1000克
玉　竹	30克
红　枣	20克
生　姜	2片
食　盐	适量

温馨提示

此款汤水具有滋阴养颜、养胃生津、润燥养阳、除烦醒脑之功效；特别适宜内热消渴、燥热咳嗽、阴虚外感、头目昏眩者饮用。

养生功效

此款汤水具有滋阴养颜、养胃生津、润燥养阳、除烦醒脑之功效；特别适宜内热消渴、燥热咳嗽、阴虚外感、头目昏眩者饮用。

霸王花烧鸭头汤

原料

烧鸭头1只，鲜霸王花400克，食盐适量。

制作步骤

① 将鲜霸王花切成4瓣，洗净待用。

② 煲内注入适量清水，煮沸后放入烧鸭头，滚30分钟。

③ 加入霸王花再煲30分钟，加盐调味即可。

养生功效

此款汤水具有清肠润燥、排毒养颜、通便利水、清热润肺、理痰止咳之功效；适宜肠燥、热气引起的大便不畅者饮用。

温馨提示

鲜霸王花含有大量的胶黏物质，具有清热润下、润肠通便之功效。煲汤前，可先将鲜霸王花飞水，这样可去除过多的胶黏质，使汤不会过于浓腻。

木瓜鲫鱼汤

原料

活鲫鱼500克，木瓜250克，干银耳20克，蜜枣15克，生姜2片，食盐适量。

制作步骤

① 银耳浸泡，撕成小朵；木瓜洗净，去皮及瓤，切成小块；蜜枣洗净。

② 鲫鱼去鳞、鳃、内脏，洗净，再放入热油锅中，加入姜片，将两面煎至金黄色。

③ 将适量清水放入煲内煮沸后加入以上材料，猛火煲滚后改用慢火煲2小时，加盐调味即可。

养生功效

此款汤水具有健肤美颜、排毒通便、润肺解燥之功效；特别适宜皮肤干燥、肺燥干咳、大便不畅者饮用。

温馨提示

此汤清凉通利，肺虚寒咳、脾虚泄泻者应适量饮用。

冬瓜生鱼汤

原料

生鱼500克，冬瓜600克，赤小豆60克，蜜枣20克，生姜2片，食盐适量。

制作步骤

❶ 冬瓜连皮洗净，切成块状；赤小豆提前1小时浸泡，洗净；蜜枣洗净。

❷ 生鱼清洗干净；烧锅下花生油、姜片，将生鱼煎至金黄色。

❸ 把适量清水煮沸，放入以上所有材料煮沸后改慢火煲3小时，加盐调味即可。

养生功效

此款汤水具有消暑清热、利尿通便、解毒排脓之功效；适宜汗多尿少、小便黄短、小便不畅、平素热气者饮用。

温馨提示

冬瓜含维生素C较多，且钾盐含量高，钠盐含量较低，高血压、肾脏病、水肿病等患者食之，可达到消肿而不伤正气的作用。连皮和瓤一起煲汤，利尿效果更佳。

芡实煲鸽汤

原料

白鸽500克，瘦肉250克，芡实50克，西洋参25克，蜜枣20克，食盐适量。

制作步骤

❶ 白鸽宰杀，去毛、内脏，洗净。

❷ 西洋参洗净，切片；芡实洗净，浸泡；蜜枣洗净。

❸ 将适量清水放入煲内，煮沸后加入以上材料，猛火煲滚后改用慢火煲3小时，加盐调味即可。

养生功效

此款汤水具有排毒养颜、清热降火、利湿健中之功效；特别适宜气阴两虚而实火内盛者及肺肾阴虚火旺者饮用。

温馨提示

烹制芡实要用慢火炖煮至熟烂，细嚼慢咽，方能起到补养身体的作用。

芝麻赤小豆鹌鹑汤

原料

鹌 鹑……………………	2只
黑芝麻……………………	20克
赤小豆……………………	50克
桂圆肉……………………	30克
蜜 枣……………………	15克
食 盐……………………	适量

温馨提示

黑芝麻古称胡麻，为胡麻科植物脂麻的黑色种子，含有丰富的不饱和脂肪酸、蛋白质、钙、磷、铁等营养物质。芝麻仁外面有一层稍硬的膜，把它碾碎才能使人体吸收到营养，所以整粒的芝麻应加工后再吃。

养生功效

此款汤水具有滋养补益、提高免疫力、健脑益智、安神定志、健脾开胃之功效；适宜记忆力减退、心烦不眠、耳鸣眩晕、健忘多梦、心悸怔忡、须发早白者饮用。

制作步骤

❶ 赤小豆、黑芝麻、桂圆肉洗净，浸泡；蜜枣洗净。

❷ 鹌鹑去毛、内脏，洗净，飞水。

❸ 将适量清水注入煲内煮沸，放入全部材料再次煮开后改慢火煲3小时，加盐调味即可。

制作步骤

① 田鸡去头、皮、内脏，洗净，斩件。

② 鲜百合剥成小瓣，洗净；银耳浸泡，撕成小朵，洗净；桂圆肉洗净。

③ 将适量清水放入煲内，煮沸后加入以上材料，猛火煲滚后改用慢火煲1.5小时，加盐调味即可。

鲜百合田鸡汤

原料

田　鸡	500克
鲜百合	50克
桂圆肉	30克
银　耳	20克
生　姜	2片
食　盐	适量

温馨提示

田鸡可供红烧、炒食，尤以腿肉最为肥嫩；田鸡肉中易有寄生虫卵，一定要加热至熟透再食用。

养生功效

此款汤水具有美肤养颜、益阴养血、养心安神之功效；特别适宜皮肤干燥、肤色暗哑、缺乏光泽、色斑明显、口干烦渴者饮用。

海带海藻瘦肉汤

原料

猪瘦肉500克，海带30克，海藻30克，蜜枣15克，食盐适量。

制作步骤

① 猪瘦肉洗净，切块，飞水。
② 蜜枣洗净；海带、海藻洗净，浸泡1小时。
③ 将适量清水放入煲内，煮沸后加入以上材料，猛火煲滚后改用慢火煲3小时，加盐调味即可。

养生功效

此款汤水具有排毒瘦身、软坚散结、泻火消痰之功效；特别适宜咽喉肿痛、由于缺碘导致的甲状腺肿大、睾丸肿痛者饮用。

温馨提示

海带、海藻应当先洗净，再浸泡，然后将浸泡的水一起下锅煲汤食用。这样可避免溶于水中的甘露醇和某些维生素流失，从而保存了海带、海藻中的有效成分。

干贝腱肉汤

原料

猪腱肉500克，干贝30克，虫草花15克，食盐适量。

制作步骤

① 猪腱肉洗净，切成厚片，飞水。
② 干贝浸软，洗净；虫草花洗净。
③ 将适量清水放入煲内，煮沸后加入以上材料，猛火煲滚后改用慢火煲2小时，加盐调味即可。

养生功效

此款汤水具有滋补养颜、益气补血之功效；特别适宜头晕目眩、咽干口渴、虚痨咯血、脾胃虚弱者饮用。

温馨提示

干贝是以江珧扇贝、日月贝等几种贝类的闭壳肌干制而成，呈短圆柱状，浅黄色，体侧有柱筋，是我国著名的海产"八珍"之一，是名贵的水产食品。

韭菜猪红汤

原料

猪血500克，韭菜80克，绿豆芽100克，生姜2片，食盐适量。

制作步骤

① 韭菜择洗净，切成小段；绿豆芽洗净。
② 猪血洗净，切成块状。
③ 煮沸后下韭菜、绿豆芽、姜片，煮10分钟后放入猪血，慢火煮至猪血熟，加盐调味即可。

养生功效

此款汤水具有养血补血、润肠通便之功效；适宜大肠燥热引起的大便不畅者饮用。

温馨提示

买回猪血后不要让凝块破碎，除去少数黏附着的猪毛及杂质，然后放开水氽一下。

蚝豉瘦肉汤

原料

瘦肉400克，蚝豉100克，泡菜100克，食盐适量。

制作步骤

① 瘦肉洗净，切片，飞水。
② 蚝豉浸开，洗净；泡菜洗净，切片。
③ 将适量清水放入煲内，煮沸后加入以上材料，猛火煲滚后改用慢火煲2小时，加盐调味即可。

养生功效

此款汤水具有滋阴养血、活血充肌、清热降火之功效；特别适宜阴虚烦热失眠、心神不安、高血压、高血脂者饮用。

温馨提示

泡菜具有一定咸度，所以此汤加盐量不能太大，最好是煮好汤之后，先尝一下咸淡度，再确定下盐量。

首乌黑米鸡蛋汤

原料

鸡　蛋	⋯⋯⋯⋯⋯	4个
何首乌	⋯⋯⋯⋯⋯	30克
黑　枣	⋯⋯⋯⋯⋯	30克
黑　米	⋯⋯⋯⋯⋯	30克
黄　精	⋯⋯⋯⋯⋯	20克
食　盐	⋯⋯⋯⋯⋯	适量

温馨提示

　　鸡蛋含有丰富的脂肪，包括中性脂肪、卵磷脂、胆固醇等；也含有丰富的钙、磷、铁等矿物质；同时还含有丰富的高生物价蛋白质。具有滋养补脑、安神定志之功效。

养生功效

　　此款汤水具有滋补养颜、健脾养血、宁神定志、益气养胃之功效；适宜记忆力减退、易于疲劳、血虚引起的头晕、心悸、健忘者饮用。

制作步骤

❶ 何首乌、黑枣、黄精浸泡，洗净。

❷ 黑米提前半天浸泡，洗净。

❸ 将适量清水与以上材料放入煲内，煲至鸡蛋熟透，取出去壳，用慢火约煲1小时，加盐调味即可。

参须雪梨乌鸡汤

乌　鸡·················500克
雪　梨·················250克
参　须················· 20克
蜜　枣················· 20克
食　盐··············· 适量

温馨提示

　　人参须为五加科植物人参的细支根及须根。人参须因加工方法不同，有红直须、白直须、红弯须、白弯须等品种。

养生功效

　　此款汤水具有滋补养颜、润泽肌肤、益气养阴之功效；特别适宜面色晦暗、皮肤干燥、气短乏力、口干烦渴、失眠多梦者饮用。

制作步骤

❶ 乌鸡洗净，斩件。

❷ 雪梨去核，洗净切块；参须、蜜枣洗净。

❸ 将适量清水放入煲内，煮沸后加入以上材料，猛火煲滚后改用慢火煲2小时，加盐调味即可。

制作步骤

① 野葛菜原棵洗净；蜜枣、陈皮浸软，洗净。

② 生鱼去除内脏，洗净；猪骨洗净，斩件。

③ 将适量清水注入煲内煮沸，放入全部材料再次煮开后改慢火煲1.5小时，加盐调味即可。

野葛菜生鱼汤

原料

生　　鱼	400克
猪　　骨	300克
鲜野葛菜	400克
蜜　　枣	20克
陈　　皮	1小块
食　　盐	适量

温馨提示

鱼肉中含蛋白质、脂肪、18种氨基酸等，还含有人体必需的钙、磷、铁及多种维生素。

养生功效

此款汤水具有消除疲劳、强筋健骨、清燥防燥之功效；适宜身体虚弱、低蛋白血症、脾胃气虚、营养不良、贫血者饮用。

制作步骤

① 猪排骨斩件，洗净，飞水。

② 藕节刮皮，洗净切厚片；生地黄、黑木耳浸泡1小时，洗净；蜜枣洗净。

③ 将适量清水放入煲内，煮沸后加入以上材料，猛火煲滚后改用慢火煲2.5小时，加盐调味即可。

藕节排骨汤

原 料

猪排骨	600克
藕　节	200克
生地黄	30克
黑木耳	15克
蜜　枣	20克
食　盐	适量

温馨提示

藕节是莲藕根茎与根茎之间的连接部位，有收敛止血、凉血散瘀之功效，是常用的食疗佳品。

养生功效

此款汤水具有清热养颜、收敛止血、凉血散瘀之功效；特别适宜妇女月经过多兼见肠燥便秘、痔疮兼见大便出血者饮用。

椰子煲鸡汤

原料

光鸡1只，椰子1个，食盐适量。

制作步骤

1. 光鸡洗净，飞水。
2. 椰子去壳，取肉洗净，切小块。
3. 将适量清水放入煲内，煮沸后加入以上材料，猛火煲滚后改用慢火煲2小时，加盐调味即可。

养生功效

此款汤水补而不燥，口感清甜，具有滋润肌肤、补血养颜之功效；特别适宜皮肤干燥晦暗、口干烦躁者饮用。

温馨提示

越老的椰子煲出来的汤越香；用椰肉煲汤，补益功效更加显著。

玉米须瘦肉汤

原料

猪瘦肉500克，淮山40克，玉米须20克，扁豆30克，蜜枣15克，食盐适量。

制作步骤

1. 猪瘦肉洗净，切厚片。
2. 玉米须、蜜枣洗净；淮山、扁豆浸泡1小时，洗净。
3. 把适量清水煮沸，放入以上所有材料煮沸后改慢火煲3小时，加盐调味即可。

养生功效

此款汤水具有利水通便、瘦身减肥、健脾和胃、祛湿消肿之功效；适宜小便不利、四肢微肿、脾虚湿重之糖尿病、慢性肾炎水肿者饮用。

温馨提示

玉米须能利水祛湿，通利小便而消肿，对慢性肾炎水肿等有良效。玉米须以柔软、有光泽者为佳。

鲜车前草猪肚汤

原料

猪肚1/2只，猪瘦肉300克，鲜车前草100克，薏米50克，赤小豆60克，蜜枣15克，食盐适量。

制作步骤

❶ 猪肚翻转过来，用盐、淀粉反复搓擦，洗净；猪瘦肉洗净，切块。

❷ 鲜车前草、薏米、赤小豆洗净。

❸ 把适量清水煮沸，放入以上所有材料煮沸后改慢火煲3小时，加盐调味即可。

🍲 养生功效

此款汤水具有清热降火、利尿通淋、瘦身减肥之功效；适宜泌尿系统感染、前列腺炎、膀胱湿热、尿频尿急、尿痛尿少者饮用。

温馨提示

车前草为车前科植物车前或平车前等的全草。车前草多年生草本，生于山野、路旁、花圃或菜园、河边湿地。车前草能清热利尿通淋，煲汤时采用鲜品，食疗效果会更佳。

玉米胡萝卜脊骨汤

原料

猪脊骨600克，玉米300克，胡萝卜200克，食盐适量。

制作步骤

❶ 猪脊骨洗净斩件，飞水备用。

❷ 胡萝卜去皮，洗净，切成小块；玉米洗净，切成小段。

❸ 将适量清水注入煲内煮沸，放入全部材料再次煮开后改慢火煲2小时，加盐调味即可。

🍲 养生功效

此款汤水具有增强免疫力、美容瘦身、健脾开胃、祛湿利水、消除疲劳之功效；适宜胃口欠佳、易于疲劳、高血压、经常口渴者饮用。

温馨提示

猪脊骨中含有大量骨髓，烹煮时柔软多脂的骨髓就会释出。骨髓可以用在调味汁、汤或焖菜里，或加入意大利炖菜中，另外也可以趁热作为开胃小点的涂酱。

沙参玉竹鲫鱼汤

原料

鲫　　鱼	500克
瘦　　肉	250克
沙　　参	30克
玉　　竹	25克
陈　　皮	1小块
生　　姜	2片
食　　盐	适量

温馨提示

在鱼腹中塞入姜丝，熬成汤后，鱼腥味降低很多；鲫鱼不宜和大蒜、白糖、冬瓜和鸡肉一同食用，吃鲫鱼前后忌喝茶。

养生功效

此款汤水具有滋补养颜、养阴清肺、健脾开胃之功效；特别适宜脸色暗淡、燥伤肺阴、头昏目眩、体虚者饮用。

制作步骤

❶瘦肉洗净，切片，飞水；陈皮浸软，洗净；沙参、玉竹洗净。

❷鲫鱼去鳃、鳞、肠杂，洗净；烧锅下油、生姜，将鲫鱼煎至金黄色。

❸将适量清水放入煲内，煮沸后加入以上材料，猛火煲滚后改用慢火煲1.5小时，加盐调味即可。

制作步骤

① 瘦肉洗净，切块，飞水。

② 冬瓜洗净，连皮切大块；蚝豉、薏米分别浸泡1小时，洗净；陈皮浸软，洗净。

③ 将适量清水放入煲内，煮沸后加入以上材料，猛火煲滚后改用慢火煲2小时，加盐调味即可。

冬瓜薏米瘦肉汤

原料

瘦　　肉	500克
冬　　瓜	750克
薏　　米	60克
蚝　　豉	30克
陈　　皮	1小块
食　　盐	适量

养生功效

　　此款汤水具有滋补养血、活血美颜、清热祛暑、解毒排脓、利尿消肿、润肺生津之功效；特别适宜肝热黄疸、肠胃不适、风湿骨痛、小便不利者饮用

温馨提示

　　常吃薏米可保持皮肤光泽细腻，可有效消除粉刺、雀斑、老年斑、妊娠斑、蝴蝶斑，具有美白功效。夏秋季用冬瓜煮汤，既可佐餐食用，又能清暑利湿。但妇女怀孕早期忌食，另外汗少、便秘者不宜多用。

南瓜猪腱肉汤

原料

猪腱肉400克，南瓜500克，生姜2片，食盐适量。

制作步骤

① 猪腱肉洗净，切成大块。
② 南瓜去皮，洗净切成大块。
③ 把适量清水煮沸，放入所有材料煮沸后改慢火煲2小时，加盐调味即可。

养生功效

此款汤水具有清热通便、瘦身健体、补中益气、消炎止痛、降糖止渴之功效；适宜糖尿病、身体水肿、胎动不安、胸膜炎、肋间神经痛者饮用。

温馨提示

南瓜所含果胶还可以保护胃肠道黏膜，使其免受粗糙食品刺激，促进溃疡愈合，适宜胃病患者食用。南瓜所含成分能促进胆汁分泌，加强胃肠蠕动，帮助食物消化。

生地海蜇瘦肉汤

原料

猪瘦肉450克，海蜇100克，生地黄50克，马蹄100克，蜜枣15克，食盐适量。

制作步骤

① 猪瘦肉洗净，切厚片。
② 马蹄去皮，洗净；生地黄浸泡1小时，洗净；海蜇洗净，飞水；蜜枣洗净。
③ 将适量清水放入煲内，煮沸后加入以上材料，猛火煲滚后改用慢火煲2小时，加盐调味即可。

养生功效

此款汤水具有润肠通便、养阴生津、除烦止渴、解渴醒酒之功效；特别适宜烟酒过多、咳嗽痰少、胸痛腹胀、口渴口干、大便秘结者饮用。

温馨提示

海蜇具有滋阴化痰、止咳除烦、解渴醒酒之功效；海蜇在食用前一定要用清水洗净，去掉盐、矾、沙子，再用热水氽一下。

老黄瓜煲猪骨汤

原料

猪骨400克，瘦肉300克，老黄瓜500克，赤小豆50克，蜜枣20克，陈皮1小块，食盐适量。

制作步骤

❶ 猪骨洗净斩件，飞水；瘦肉洗净，飞水。

❷ 老黄瓜洗净，连皮切大块；蜜枣洗净；赤小豆、陈皮洗净，浸软。

❸ 将适量清水注入煲内煮沸，放入全部材料再次煮升后改慢火煲3小时，加盐调味即可。

养生功效

此款汤水具有润肠通便、减肥轻身、健脾去湿、清热利尿之功效；此汤一般人都适合饮用，尤宜于大小便不畅、湿气积滞者饮用。

温馨提示

赤小豆有较多的膳食纤维，具有良好的润肠通便、降血压、降血脂、调节血糖、解毒抗癌、预防结石、健美减肥的作用。

绿豆海带排骨汤

原料

排骨500克，绿豆100克，海带30克，蜜枣15克，食盐适量。

制作步骤

❶ 猪排骨洗净，斩件，飞水。

❷ 海带提前1天浸泡，洗净；绿豆浸泡1小时，洗净。

❸ 将适量清水放入煲内，煮沸后加入以上材料，猛火煲滚后改用慢火煲1.5小时，加盐调味即可。

养生功效

此款汤水具有降脂降压、解毒瘦身、清除血脂之功效；特别适宜甲状腺肿大、淋巴结肿大、高血压、冠心病、肥胖者饮用。

温馨提示

海带具有一定的药用价值，因为海带中含有大量的碘，碘是甲状腺素合成的主要物质，如果人体缺少碘，就会患"粗脖子病"，即甲状腺功能减退症，所以，海带是甲状腺功能低下者的最佳食品。

清补凉乳鸽汤

原料

乳　鸽……………………500克
瘦　肉……………………250克
清补凉…………………… 1包
食　盐…………………… 适量

温馨提示

　　清补凉汤料，由淮山、枸杞子、沙参、玉竹、芡实等组成，有时把党参、红枣等也算在内。

养生功效

　　此款汤水具有滋补清润、美容养颜、养胃健脾之功效；特别适宜肾虚体弱、心神不宁、体力透支者饮用。

制作步骤

❶乳鸽清洗干净，飞水；瘦肉洗净，飞水。

❷清补凉汤料用清水浸泡，洗净。

❸将适量清水放入煲内，煮沸后加入以上材料，猛火煲滚后改用慢火煲3小时，加盐调味即可。

图书在版编目（ＣＩＰ）数据

广东精选老火汤300例 / 黄远燕主编. -- 长春：吉林科学技术出版社，2013.6
ISBN 978-7-5384-6754-3

Ⅰ．①广… Ⅱ．①黄… Ⅲ．①汤菜－菜谱－广东省
Ⅳ．①TS972.122

中国版本图书馆CIP数据核字（2013）第098383号

广东精选老火汤300例

主　　编　黄远燕
出 版 人　李　梁
责任编辑　练闽琼
封面设计　涂图工作室　张　虎
制　　版　长春创意广告图文制作有限责任公司
开　　本　710mm×1000mm　1/16
字　　数　240千字
印　　张　15
印　　数　10 001—15 000册
版　　次　2013年6月第1版
印　　次　2016年1月第2次印刷

出　　版　吉林出版集团
　　　　　吉林科学技术出版社
发　　行　吉林科学技术出版社
地　　址　长春市人民大街4646号
邮　　编　130021
发行部电话/传真　0431-85677817　85635177　85651759
　　　　　　　　　85651628　85600611　85670016
储运部电话　0431-84612872
编辑部电话　0431-85610611
网　　址　www.jlstp.net
印　　刷　长春新华印刷集团有限公司

书　　号　ISBN 978-7-5384-6754-3
定　　价　29.90元
如有印装质量问题可寄出版社调换

广东精选老火汤